허세 없는 기본 문제집

나혼자 완성 프로젝트
바빠 중학 수학 시리즈

스쿨피아 연구소 **임미연** 지음

바쁜
빠른

중2를 위한
중학연산

2권	2학년 1학기 (3, 4단원)
	연립방정식, 함수 영역

나 혼자 푼다!!

$$3(2x+1)$$
$$= 3 \times 2x + 3 \times 1$$
$$= 6x + 3$$

$$5 \times 5 \times 5 = 5^3$$

$$(a+b) \times 3$$
$$= 3(a+b)$$

이지스에듀

스쿨피아 연구소의 대표 저자 소개

임미연 선생님은 대치동 학원가의 소문난 명강사로, 10년이 넘게 중고등학생에게 수학을 지도하고 있다. 명강사로 이름을 날리기 전에는 동아출판사와 디딤돌에서 중고등 참고서와 교과서를 기획, 개발했다. 이론과 현장을 모두 아우르는 저자로, 학생들이 어려워하는 부분을 잘 알고 학생에 맞는 수준별 맞춤형 수업을 하는 것으로도 유명하다. 그동안의 경험을 집대성해, 〈바빠 중학연산〉 시리즈와 〈바빠 중학도형〉을 집필하였다.

대표 도서
《바쁜 중1을 위한 빠른 중학연산 ①》 — 소인수분해, 정수와 유리수 영역
《바쁜 중1을 위한 빠른 중학연산 ②》 — 일차방정식, 그래프와 비례 영역
《바쁜 중1을 위한 빠른 중학도형》 — 기본 도형과 작도, 평면도형, 입체도형, 통계
《바쁜 중2를 위한 빠른 중학연산 ①》 — 수와 식의 계산, 부등식 영역
《바쁜 중2를 위한 빠른 중학연산 ②》 — 연립방정식, 함수 영역
《바쁜 중2를 위한 빠른 중학도형》 — 도형의 성질, 도형의 닮음과 피타고라스 정리, 확률
《바쁜 중3을 위한 빠른 중학연산 ①》 — 제곱근과 실수, 다항식의 곱셈, 인수분해 영역
《바쁜 중3을 위한 빠른 중학연산 ②》 — 이차방정식, 이차함수 영역
《바쁜 중3을 위한 빠른 중학도형》 — 삼각비, 원의 성질, 통계
《바빠 고등수학으로 연결되는 중학수학 총정리》
《바빠 고등수학으로 연결되는 중학도형 총정리》

'바빠 중학 수학' 시리즈
바쁜 중2를 위한 빠른 중학연산 2권 – 연립방정식, 함수 영역

개정판 1쇄 발행 2018년 8월 30일
개정판 10쇄 발행 2025년 1월 10일
　　　　　(2016년 8월에 출간된 초판을 새 교과과정에 맞춰 개정했습니다.)
지은이　스쿨피아 연구소 임미연
발행인　이지연
펴낸곳　이지스퍼블리싱(주)
출판사 등록번호　제313-2010-123호
주소　서울시 마포구 잔다리로 109 이지스빌딩 5층(우편번호 04003)
대표전화 02-325-1722　　　　　　　　팩스 02-326-1723
이지스퍼블리싱 홈페이지 www.easyspub.com　　이지스에듀 카페 www.easysedu.co.kr
바빠 아지트 블로그 blog.naver.com/easyspub　　인스타그램 @easys_edu
페이스북 www.facebook.com/easyspub2014　　이메일 service@easyspub.co.kr

기획 및 책임 편집 박지연, 조은미, 정지연, 김현주, 이지혜　교정 교열 정미란, 서은아　일러스트 김학수
표지 및 내지 디자인 정우영, 이유경, 트인글터　전산편집 아이에스　인쇄 보광문화사
영업 및 문의 이주동, 김요한(support@easyspub.co.kr)　마케팅 라혜주　독자 지원 박애림, 김수경

ISBN 979-11-6303-022-5 54410
ISBN 979-11-87370-62-8(세트)
가격 12,000원

• **이지스에듀** 는 이지스퍼블리싱의 교육 브랜드입니다.

추천의 글

"전국의 명강사들이 추천합니다!"
나 혼자 풀어도 문제가 풀리는 중학 수학 입문서
'바쁜 중2를 위한 빠른 중학연산'

〈바빠 중학연산〉은 쉽게 해결할 수 있는 연산 문제부터 배치하여 아이들에게 성취감을 줍니다. 또한 명강사에게만 들을 수 있는 꿀팁이 책 안에 담겨 있어서, 수학에 자신이 없는 학생도 혼자 충분히 풀 수 있겠어요. 수학을 어려워하는 친구들에게 자신감을 느끼게 해 줄 교재가 출간되어 기쁩니다.

송낙천 원장(강남, 서초 최상위에듀학원/최상위 수학 저자)

새 교육과정이 반영된 〈바빠 중학연산〉은 한 학기 내용을 두 권으로 분할했다는 점에서 시중 교재들과 차별화되어 있습니다. 학교 진도별 단원 또는 부족한 영역이 있는 교재만 선택하여 학습할 수 있어요. 특히 영역별 문항 수가 충분히 구성되어 학생이 어떤 부분을 잘하고, 어떤 부분이 취약한지 한 눈에 파악할 수 있는 교재입니다.

이소영 원장(인천 아이샘영수학원)

중학 수학은 초등보다 추상화, 일반화의 정도가 높습니다. 따라서 원리를 깊이 이해하고, 심화 문제까지 해결할 문제 해결력을 길러야 합니다. 그러려면 기초 문제를 충분히 훈련해야 합니다. 기본기가 없으면 심화 문제를 풀 때 힘이 분산되어서 성과가 낮기 때문이지요. 이 책은 중학 수학의 기본기를 완벽하게 숙달시키기에 적합합니다.

이현수 특목입시센터장(분당 수학의아침)

연산 과정을 제대로 밟지 않은 학생은 학년이 올라갈수록 어려움을 겪습니다. 어려운 문제를 풀 수 있다 하더라도, 계산 속도가 느리거나 연산 실수로 문제를 틀리면 아무 소용이 없지요. 이 책은 영역별로 연산 문제를 해결할 수 있어, 바쁜 중학생들에게 큰 도움이 될 것입니다.

송근호 원장(용인 송근호수학학원)

처음부터 너무 어려운 문제를 접하면 아이들의 뇌는 움츠러들 대로 움츠러들어, 공부 의욕을 잃게 됩니다. 〈바빠 중학연산〉은 중학생이라면 충분히 해결할 수 있는 문제들이 체계적으로 잘 배치되어 있네요. 이 책으로 공부한다면 아이들이 수학에 움츠러들지 않고, 성취감을 느끼게 될 것 같아 '강추' 합니다!

김재헌 본부장(일산 명문학원)

특목·자사고에서 요구하는 심화 수학 능력도 빠르고 정확한 연산 실력이 뒷받침되어야 합니다. 〈바빠 중학연산〉은 명강사의 비법을 책 속에 담아 개념을 이해하기 쉽고, 연산 속도와 정확성을 높일 수 있도록 문제가 잘 구성되어 있습니다. 이 책을 통해 심화 수학의 기초가 되는 연산 실력을 완벽하게 쌓을 수 있을 것입니다.

김종명 원장(분당 GTG사고력수학 본원)

연산을 어려워하는 학생일수록 수학을 싫어하게 되고 결국 수학을 포기하는 경우도 많죠. 〈바빠 중학연산〉은 '앗! 실수' 코너를 통해 학생들이 자주 틀리는 실수 포인트를 짚어 주고, 실수 유형의 문제를 직접 풀도록 설계한 점이 돋보이네요. 이 책으로 훈련한다면 연산 실수를 확 줄일 수 있을 것입니다.

이혜선 원장(인천 에스엠에듀학원)

대부분의 문제집은 훈련할 문제 수가 많이 부족합니다. 〈바빠 중학연산〉은 영역별 최다 문제가 수록되어, 아이들이 문제를 풀면서 스스로 개념을 잡을 수 있겠어요. 예비중학생부터 중학생까지, 자습용이나 학원 선생님들이 숙제로 내주기에 최적화된 교재입니다.

김승태 원장(부산 JBM수학학원/수학자가 들려주는 수학 이야기 저자)

나 혼자 푼다!

수포자의 갈림길, 중학교 2학년!
중학 수학을 포기하지 않으려면 어떻게 해야 할까?

수학을 포기하는 일명 '수포자'는 중학교 2학년에 절정에 이릅니다! '수포자 없는 입시 플랜'의 조사 결과, 전체 수포자 중 33%가 중학교 2학년 초에 수학을 포기했다고 응답했습니다. 또한 전체 수포자의 무려 74%가 중2 때까지 발생했다고 합니다.

이때, 수학을 포기하게 만드는 환경 중 하나가 바로 '어려운 문제집'입니다. 대부분의 중학 수학 문제집은 개념을 공부한 후, 기본 문제도 익숙해지지 않았는데 바로 어려운 심화 문제까지 풀도록 구성되어 있습니다. 문제가 풀리는 재미를 느끼며 한 단계 한 단계 차근차근 올라가야 하는데, 갑자기 계단이 훌쩍 높아지는 것이지요. 그 때문에 학생들이 그 높은 계단을 숨차게 오르다 결국엔 그 자리에 털썩 주저앉고 마는 것입니다.

대치동에서 10년이 넘게 중고생을 지도하고 있는 이 책의 저자, 임미연 선생님은 "요즘 시중의 중학 문제집에는, 학생들이 잘 이해할 수 있을까 의문이 드는 문제가 많이 수록되어 있다."고 말합니다. 기본 개념도 정리하지 못했는데 심화 문제를 푸는 것은 모래 위에 성을 쌓는 것입니다. 어려운 문제를 푸는 것이 곧 수준 높은 교육이라는 생각은 허상일 뿐입니다. 그런데 생각보다 많은 학생이 어려운 문제집의 희생양이 됩니다.

수학을 잘하려면 쉬운 문제부터 차근차근 풀면서 개념을 잡는 것이 중요!

물론 수학을 아주 잘하는 학생이라면 어려운 문제집 먼저 선택해도
괜찮습니다. 하지만 보통의 중학생이라면 쉬운 문제부터 차근
차근 풀면서 개념을 잡을 수 있는 책 먼저 선택하세요!
처음 만나는 중학 수학 교재는 개념 이해와 연산으로
기초 체력을 키워야, 나중에 어려운 문제까지 풀어낼
근력을 키울 수 있습니다!

〈바빠 중학연산〉은 수학의 기초 체력이 되는 연산을 쉬운
문제부터 풀 수 있는 책으로, 현재 시중에 나온 책 중 **선생님
없이 혼자 풀 수 있도록 설계된 독보적인 책**입니다.

이 책은 허세 없는
기본 문제 모음 훈련서입니다.

명강사의 바빠 꿀팁! 얼굴을 맞대고 듣는 것 같다.

기존의 책들은 한 권의 책에 지식을 모아 놓기만 할 뿐, 그것을 공부할 방법은 알려 주지 않았습니다. 그래서 선생님께 의존하는 경우가 많았죠. 그러나 이 책은 선생님이 얼굴을 맞대고 알려 주시는 것처럼 세세한 공부 팁까지 책 속에 담았습니다.
각 단계의 개념마다 친절한 설명과 함께 **명강사의 노하우가 담긴 '바빠 꿀팁'을 수록**, 혼자 공부해도 개념을 이해할 수 있습니다.

1학기를 두 권으로 구성, 유형별 최다 문제 수록!

개념을 이해했다면 이제 개념이 익숙해질 때까지 문제를 충분히 풀어 봐야 합니다. 《바쁜 중2를 위한 빠른 중학연산》은 충분한 연산 훈련을 위해, **쉬운 문제부터 학교 시험 유형까지 영역별로 최다 문제를 수록**했습니다. 그래서 2학년 1학기 영역을 2권으로 나누어 구성했습니다. 이 책의 문제를 풀다 보면 머릿속에 유형별 문제풀이 회로가 저절로 그려질 것입니다.

아는 건 틀리지 말자! 중2 학생 70%가 틀리는 문제, '앗! 실수' 코너로 해결!

수학을 잘하는 친구도 연산 실수로 점수가 깎이는 경우가 많습니다. 이 책에서는 연산 실수로 본인 실력보다 낮은 점수를 받지 않도록 특별한 장치를 마련했습니다.
모든 개념 페이지에 있는 **'앗! 실수'** 코너를 통해, 중2 학생의 70%가 자주 틀리는 실수 포인트를 정리했습니다. 또한 '앗! 실수' 유형의 문제를 직접 풀며 확인하도록 설계해, 연산 실수를 획기적으로 줄이는 데 도움을 줍니다.

또한, 매 단계의 마지막에는 **'거저먹는 시험 문제'**를 넣어, 이 책에서 연습한 것만으로도 풀 수 있는 중학교 내신 문제를 제시했습니다. 이 책에 나온 문제만 다 풀어도 맞을 수 있는 학교 시험 문제는 많습니다.

이젠 나도 혼자 공부할 수 있다고~!

중학생이라면, 스스로 개념을 정리하고
문제 해결 방법을 터득해야 할 때!

'바빠 중학연산'이 바쁜 여러분을 도와드리겠습니다.
이 책으로 중학 수학의 기초를 튼튼하게 다져 보세요!

'바빠 중학연산' 구성과 특징

1단계 | 개념을 먼저 이해하자! — 단계마다 친절한 핵심 개념 설명이 있어요!

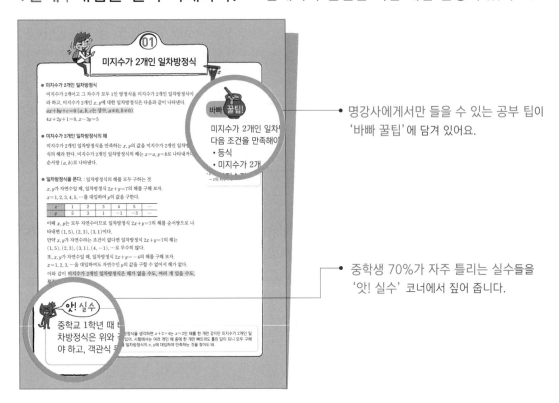

● 명강사에게서만 들을 수 있는 공부 팁이 '바빠 꿀팁'에 담겨 있어요.

● 중학생 70%가 자주 틀리는 실수들을 '앗! 실수' 코너에서 짚어 줍니다.

2단계 | 체계적인 연산 훈련! — 쉬운 문제부터 유형별로 풀다 보면 개념이 잡혀요.

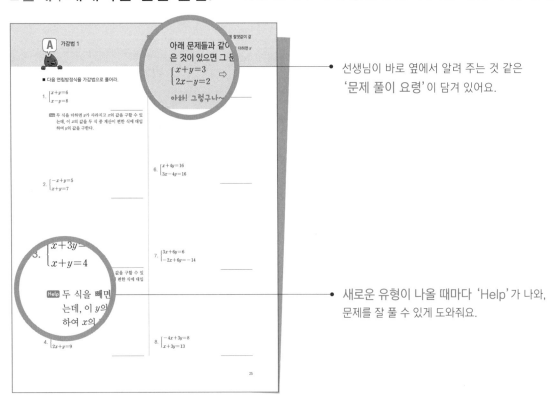

● 선생님이 바로 옆에서 알려 주는 것 같은 '문제 풀이 요령'이 담겨 있어요.

● 새로운 유형이 나올 때마다 'Help'가 나와, 문제를 잘 풀 수 있게 도와줘요.

3단계 | 시험에 자주 나오는 문제로 마무리! — 이 책만 다 풀어도 학교 시험 문제없어요!

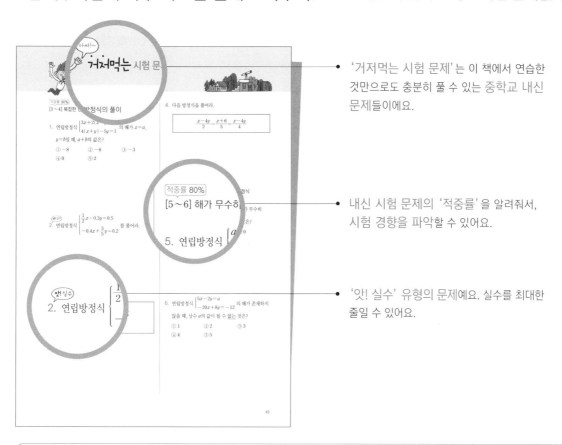

• '거저먹는 시험 문제'는 이 책에서 연습한 것만으로도 충분히 풀 수 있는 중학교 내신 문제들이에요.

• 내신 시험 문제의 '적중률'을 알려줘서, 시험 경향을 파악할 수 있어요.

• '앗! 실수' 유형의 문제예요. 실수를 최대한 줄일 수 있어요.

♥ 체크해 보세요!

나는 어떤 학생인가?

☐ 연산 실수가 잦은 학생

☐ 수학 문제만 보면 급격히 피곤해지는 학생

☐ 문제 하나 푸는 데 시간이 오래 걸리는 학생

☐ 쉬운 문제로 기초부터 탄탄히 다지고 싶은 학생

☐ 중2 수학을 처음 공부하는 학생

위 항목 중 하나라도 체크했다면 중학연산 훈련이 꼭 필요합니다.
바빠 중학연산은 쉬운 문제부터 차근차근 유형별로 풀면서 스스로 깨우치도록 설계되었습니다.

《바쁜 중2를 위한 빠른 중학 수학》을 효과적으로 보는 방법

〈바빠 중학 수학〉은 1학기 과정이 〈바빠 중학연산〉 두 권으로, 2학기 과정이 〈바빠 중학도형〉 한 권으로 구성되어 있습니다.

교재	1학기용(연산 영역)		2학기용(도형 영역)
	바빠 중학연산 1권	바빠 중학연산 2권	바빠 중학도형
중2 과정	• 수와 식의 계산 • 부등식	• 연립방정식 • 함수	• 도형의 성질 • 도형의 닮음과 피타고라스 정리 • 확률

1. 취약한 영역만 보강하려면? — 3권 중 한 권만 선택하세요!

중2 과정 중에서도 수와 식의 계산이나 부등식이 어렵다면 중학연산 1권 〈수와 식의 계산, 부등식 영역〉을, 연립방정식이나 함수가 어렵다면 중학연산 2권 〈연립방정식, 함수 영역〉을, 도형이 어렵다면 중학도형 〈도형의 성질, 도형의 닮음과 피타고라스 정리, 확률〉을 선택하여 정리해 보세요. 중2뿐 아니라 중3이라도 자신이 취약한 영역을 집중적으로 공부하여 학습 결손을 빠르게 보충하세요.

2. 중2이지만 수학이 약하거나, 중2 수학을 준비하는 중1이라면?

중학 수학 진도에 맞게 중학연산 1권 → 중학연산 2권 → 중학도형 순서로 공부하세요. 기본 문제부터 풀 수 있어서, 중학 수학의 기초를 탄탄히 다질 수 있습니다.

3. 학원이나 공부방 선생님이라면?

1) 기초가 부족한 학생에게는 개념을 간단히 설명한 후 자습용 교재로 이용하세요.
2) 개념을 익힌 학생에게는 과제용 교재로 이용하세요.
3) 가벼운 선행 학습과 학습 결손을 보강하기 위한 방학용 초단기 교재로 적합합니다.

바빠 중학연산 1권은 22단계, 2권은 22단계, 중학도형은 27단계로 구성되어 있습니다.

 차례

유튜브
'대치동 임쌤 수학'을
검색하세요!

저자 직강
개념 강의 보기

바쁜 중2를 위한 빠른 중학연산 2권
— 연립방정식, 함수 영역

나만의 공부 계획을 세워 보자

나의 권장 진도 _____일

나는 어떤 학생인가?		권장 진도
	∨ 중학 2학년이지만, 수학이 어렵고 자신감이 부족하다. ∨ 한 문제 푸는 데 시간이 오래 걸린다. ∨ 예비 중학생 또는 중학 1학년이지만, 도전하고 싶다.	20일 진도 권장
	∨ 어려운 문제도 잘 푸는데, 연산 실수로 점수가 깎이곤 한다. ∨ 수학을 잘하는 편이지만, 속도와 정확성을 높여 기본기를 완벽하게 쌓고 싶다.	14일 진도 권장

권장 진도표

날짜	□ 1일차	□ 2일차	□ 3일차	□ 4일차	□ 5일차	□ 6일차	□ 7일차
14일 진도	1~2과	3과	4과	5~6과	7~8과	9~10과	11~12과
20일 진도	1~2과	3과	4과	5과	6과	7과	8과

날짜	□ 8일차	□ 9일차	□ 10일차	□ 11일차	□ 12일차	□ 13일차	□ 14일차
14일 진도	13~14과	15~16과	17과	18과	19~20과	21과	22과 끝!
20일 진도	9~10과	11과	12과	13과	14과	15과	16과

날짜	□ 15일차	□ 16일차	□ 17일차	□ 18일차	□ 19일차	□ 20일차
20일 진도	17과	18과	19과	20과	21과	22과 끝!

나 혼자 푼다!

첫째 마당

연립방정식

중1 수학에서 일차방정식을 배우고 중3학 수학에서는 이차방정식을 배우는데, 그럼 중2 수학에서는 어떤 방정식을 배울까? 이번 마당에서는 미지수가 2개인 일차방정식 을 배워. 보통 미지수를 x, y로 사용하는데, 미지수가 2개니까 답도 x, y의 값을 구해야 돼. 미지수가 2개인 일차방정식 두 개를 나란히 놓고 두 일차방정식을 모두 만족하는 공 통의 해를 구하는 것이 연립방정식의 풀이야. 연립방정식은 누구나 연습만 충분히 하면 잘할 수 있어! 자신감을 가지고 도전해 보자.

01 미지수가 2개인 일차방정식

개념 강의 보기

● **미지수가 2개인 일차방정식**

미지수가 2개이고 그 차수가 모두 1인 방정식을 미지수가 2개인 일차방정식이
라 하고, 미지수가 2개인 x, y에 대한 일차방정식은 다음과 같이 나타낸다.
$ax+by+c=0$ (a, b, c는 상수, $a \neq 0, b \neq 0$)
$4x+2y+1=0, x-3y=5$

바빠 꿀팁!

미지수가 2개인 일차방정식이려면
다음 조건을 만족해야 해.
 • 등식
 • 미지수가 2개
 • 미지수가 모두 1차
다음의 경우는 미지수가 2개인 일
차방정식이 아니야.
 • $x-y+2$
  → 등식이 아님.
 • $2x+4=0$
  → 미지수가 1개
 • $x^2+3y-1=0$
  → x의 차수가 2

● **미지수가 2개인 일차방정식의 해**

미지수가 2개인 일차방정식을 만족하는 x, y의 값을 미지수가 2개인 일차방정
식의 해라 한다. 미지수가 2개인 일차방정식의 해는 $x=a, y=b$로 나타내거나
순서쌍 (a, b)로 나타낸다.

● **일차방정식을 푼다.** : 일차방정식의 해를 모두 구하는 것

x, y가 자연수일 때, 일차방정식 $2x+y=7$의 해를 구해 보자.
$x=1, 2, 3, 4, 5, \cdots$를 대입하여 y의 값을 구한다.

x	1	2	3	4	5	$\cdots$
y	5	3	1	-1	-3	$\cdots$

이때 x, y는 모두 자연수이므로 일차방정식 $2x+y=7$의 해를 순서쌍으로 나
타내면 $(1, 5), (2, 3), (3, 1)$이다.
만약 x, y가 자연수라는 조건이 없다면 일차방정식 $2x+y=7$의 해는
$(1, 5), (2, 3), (3, 1), (4, -1), \cdots$로 무수히 많다.
또, x, y가 자연수일 때, 일차방정식 $2x+y=-4$의 해를 구해 보자.
$x=1, 2, 3, \cdots$을 대입하여도 자연수인 y의 값을 구할 수 없어서 해가 없다.
이와 같이 미지수가 2개인 일차방정식은 해가 없을 수도, 여러 개 있을 수도,
무수히 많을 수도 있다.

앗! 실수

중학교 1학년 때 배웠던 미지수가 1개인 일차방정식을 생각하면 $x+2=4$는 $x=2$인 해를 한 개만 갖지만 미지수가 2개인 일
차방정식은 위와 같이 여러 개의 해를 가질 수 있어. 시험에서는 여러 개인 해 중에 한 개만 빠뜨려도 틀린 답이 되니 모두 구해
야 하고, 객관식 문제일 경우에는 5개의 보기를 일차방정식의 x, y에 대입하여 만족하는 것을 찾아도 돼.

A 미지수가 2개인 일차방정식

미지수가 2개인 일차방정식을 찾는 문제에서는
① 미지수가 2개인지 확인하고
② 등식인지 확인하고
③ 일차인지 확인하면 되는데 이차항이 있어도 이항하여 없어지면 일차식이 되니 주의해야 해. 잊지 말자. 꼬~옥! ✸

■ 다음 중 미지수가 2개인 일차방정식인 것은 ○를,
아닌 것은 ×를 하여라.

1. $y=x+1$

   _____

2. $y=\dfrac{1}{x}+2$

   _____

   Help 분모에 미지수가 있는 식은 일차식이 아니다.

3. $2x^2+1+y=0$

   _____

4. $3x-2y=10$

   _____

5. $x+1=0$

   _____

6. $x+y-5$

   _____

7. $\dfrac{x}{4}-\dfrac{y}{3}=2$ (앗실수)

   _____

8. $x=y(y+4)$

   _____

9. $xy+x-y=0$

   _____

   Help xy는 문자가 두 개 곱해져 있으므로 이차항이다.

10. $2x^2+x+y=5+2x^2$ (앗실수)

    _____

    Help 우변의 $2x^2$을 이항하여 본다.

문장제 문제만 보면 어렵게 느끼는 학생이 많은데 아래의 문제들은 간단히 풀 수 있는 쉬운 문제야. 자신을 갖고 주어진 문장을 수, 문자, 기호를 사용하여 미지수가 2개인 일차방정식으로 나타내어 봐.

아하! 그렇구나~ 🐡

■ 다음 문장을 미지수가 2개인 일차방정식으로 나타내어라.

1. 수학 문제집 x권, 영어 문제집 y권을 합하여 6권을 샀다.

　　　　—————

2. x의 2배와 y의 3배의 합은 10이다.

　　　　—————

3. x세인 정환이의 나이는 y세인 예림이의 나이보다 8세가 더 적다.

　　　　—————

4. 1000원짜리 사과 x개와 2500원짜리 배 y개를 샀더니 8500원이었다.

　　　　—————

　Help 1000원짜리 사과 x개의 값은 $1000x$원이고, 2500원짜리 배 y개의 값은 $2500y$원이다.

5. 농구 시합에서 우리 팀이 2점 슛 x개, 3점 슛 y개를 성공시켜 53점을 득점하였다.

　　　　—————

6. 강아지 x마리와 닭 y마리의 다리의 수의 합은 48개이다.

　　　　—————

앗! 실수

7. 가로의 길이가 $x\,\text{cm}$, 세로의 길이가 $y\,\text{cm}$인 직사각형의 둘레의 길이는 25cm이다.

　　　　—————

8. x의 4배는 y의 2배보다 1만큼 작다.

　　　　—————

9. 수학 시험에서 3점짜리 문제 x개와 4점짜리 문제 y개를 맞혀서 90점을 받았다.

　　　　—————

　Help 3점짜리 x개의 점수는 $3x$점이고, 4점짜리 y개의 점수는 $4y$점이다.

10. 2000원짜리 공책 x권과 3500원짜리 볼펜 y자루를 사고 18000원을 지불하였다.

　　　　—————

C x, y가 자연수일 때, 일차방정식의 해 구하기

x, y에 대한 일차방정식 $ax+by+c=0$의 해가 (p, q)라는 것은 $ax+by+c=0$에 $x=p$, $y=q$를 대입하면 등식이 참이 된다는 뜻이야.

잊지 말자. 꼬~옥!

■ 다음 일차방정식에 대하여 표를 완성하고, x, y가 자연수일 때, 일차방정식의 해를 순서쌍 (x, y)로 나타내어라.

1. $2x+y=8$

x	1	2	3	4
y				

Help $x=1, 2, 3, 4$를 $2x+y=8$에 대입한다.
　　y의 값이 0이 되거나 음수가 되면 해가 아니다.

2. $3x+2y=15$

x	1	2	3	4	5
y					

---

3. $x+5y=20$

x				
y	1	2	3	4

---

4. $2x+5y=25$

x					
y	1	2	3	4	5

■ 주어진 순서쌍이 일차방정식의 해이면 ○를, 해가 <u>아니면</u> ×를 하여라.

5. $2x-y=5$　$(3, 1)$

Help $x=3$, $y=1$을 $2x-y=5$에 대입하여 등식이 참이 되는지 본다.

6. $5x-2y=12$　$(2, -1)$

---

7. $3x-6y=24$　$(3, 5)$

---

8. $x+\dfrac{1}{2}y=8$　$(6, 6)$

---

9. $\dfrac{3}{4}x-\dfrac{1}{3}y=7$　$(8, -3)$

일차방정식에 주어진 해를 대입하여 미지수를 구하면 되는데 일차방정식 $x+ay-8=0$의 해가 $(2, 1)$일 때, 상수 a의 값은 $x+ay-8=0$에 $x=2, y=1$을 대입하여 구해. 따라서 $2+a-8=0$이므로 $a=6$이 돼. 아하! 그렇구나~

■ 다음 일차방정식에서 상수 a의 값을 구하여라.

1. 일차방정식 $x+2y+a=0$의 한 해가 $(-1, 1)$

   Help 일차방정식 $x+2y+a=0$에 $x=-1, y=1$을 대입한다.

2. 일차방정식 $-x+4y+a=0$의 한 해가 $(2, 3)$

3. 일차방정식 $3x-2y+a=0$의 한 해가 $(-4, 2)$

4. 일차방정식 $-5x+y+a=0$의 한 해가 $\left(\dfrac{1}{10}, 4\right)$

5. 일차방정식 $6x+4y+a=0$의 한 해가 $\left(\dfrac{1}{3}, \dfrac{3}{2}\right)$

6. 일차방정식 $2x+4y=10$의 한 해가 $(-3, a)$

   Help 일차방정식 $2x+4y=10$에 $x=-3, y=a$를 대입한다.

7. 일차방정식 $3x-y=-12$의 한 해가 $(-5, a)$

8. 일차방정식 $-5x+2y=14$의 한 해가 $(a, 10)$

9. 일차방정식 $x+4y=12$의 한 해가 $(a, a+1)$

   Help 일차방정식 $x+4y=12$에 $x=a, y=a+1$을 대입한다.

10. 일차방정식 $\dfrac{1}{2}x-\dfrac{1}{3}y=1$의 한 해가 $(a, a-1)$

[1~3] 미지수가 2개인 일차방정식

앗! 실수

1. 다음 중 미지수가 2개인 일차방정식인 것은?

① $xy - x = 4$

② $\dfrac{3}{x} + y = -1$

③ $-\dfrac{x}{5} + 2y = 8$

④ $3x + 6y$

⑤ $-x + y + 2 = -x$

적중률 90%

2. 다음 보기에서 x, y에 대한 일차방정식은 모두 몇 개인지 구하여라.

보기

ㄱ. $x + \dfrac{y}{4} = 1$

ㄴ. $y = x(x + 2)$

ㄷ. $y + 3 = 0$

ㄹ. $y = \dfrac{2}{3}x - 1$

ㅁ. $4x - 3 = 4(x - y + 5)$

3. 규호는 700원짜리 아이스크림 x개와 1200원짜리 과자 y개를 사고 5000원을 내었더니 거스름돈 500원을 받았다. 이를 미지수 x, y에 대한 일차방정식으로 나타내어라.

[4~6] 일차방정식의 해

적중률 80%

4. 다음 중 일차방정식 $-x + 3y = 16$의 해가 되는 것을 모두 고르면? (정답 2개)

① $(0, -16)$

② $(-1, 5)$

③ $(7, 3)$

④ $\left(-9, \dfrac{7}{3}\right)$

⑤ $(1, -6)$

5. 다음 일차방정식 중 순서쌍 $(-1, 1)$을 해로 갖는 것은?

① $x + 5y = -4$

② $\dfrac{3}{2}x + y = -\dfrac{1}{2}$

③ $-3x + 2y = 7$

④ $-2x + 5y = 3$

⑤ $\dfrac{1}{3}x - y = 6$

6. 일차방정식 $4x - y = 2$의 한 해가 $(a+2, a-1)$일 때, 상수 a의 값을 구하여라.

02 연립방정식의 해

- **미지수가 2개인 연립일차방정식**

  미지수가 2개인 일차방정식 두 개를 한 쌍으로 묶어 나타낸 것을 미지수가 2개
  인 연립일차방정식 또는 간단히 연립방정식이라 한다.

  $$\begin{cases} x+3y=7 \\ 4x-y=2 \end{cases}, \begin{cases} 2x-y=1 \\ y=5x-3 \end{cases}$$

연립방정식에서 연립은 聯(나란히 연), 立(설 립)으로 두 개 이상의 방정식을 나란히 짝지어 세웠다는 뜻이야.

- **연립일차방정식의 해** : 두 미지수 x, y에 대한 연립방정식에서 두 일차방정식을
  동시에 만족하는 x, y의 값 또는 그 순서쌍 (x, y)

- **연립방정식을 푼다.** : 연립방정식의 해를 모두 구하는 것이다.

  x, y가 자연수일 때, 연립방정식 $\begin{cases} x+y=8 \\ -x+y=4 \end{cases}$의 해를 구해 보자.

  [1단계] 두 일차방정식의 해를 각각 구한다.

  $x+y=8$의 해

x	1	2	3	4
y	7	6	5	4

  $-x+y=4$의 해

x	1	2	3	4
y	5	6	7	8

  [2단계] 두 일차방정식의 공통인 해를 찾는다.

  표에서 두 일차방정식을 모두 만족하는 x, y의 값을 찾으면 $x=2, y=6$이다.
  따라서 주어진 연립방정식의 해는 $x=2, y=6$ 또는 $(2, 6)$이다.

- **연립방정식의 해를 알 때, 상수 a, b의 값 구하기**

  연립방정식의 해가 주어질 때 주어진 해를 두 일차방정식에 대입하면 등식이
  모두 성립하므로 상수 a, b의 값을 구할 수 있다.

  연립방정식 $\begin{cases} 2x+ay=5 \cdots \text{㉠} \\ bx+4y=2 \cdots \text{㉡} \end{cases}$의 해가 $(2, -1)$일 때, 상수 a, b의 값은

  $x=2, y=-1$을 ㉠에 대입하면 $2 \times 2 + a \times (-1) = 5$ $\therefore a=-1$

  $x=2, y=-1$을 ㉡에 대입하면 $b \times 2 + 4 \times (-1) = 2$ $\therefore b=3$

 앗! 실수

- 해를 순서쌍으로 나타낼 때는 (x, y) 순서를 반드시 지켜야 돼. $(2, 6)$과 $(6, 2)$는 다르니까.
- 해가 주어지고 해를 만족하는 연립방정식을 찾을 때는 두 일차방정식 모두를 주어진 해가 만족하는지 대입해 보아야 해.
  일차방정식 하나만 만족하면 연립방정식의 해가 아니거든.

A 연립방정식 세우기

연립방정식을 세운다는 것은 미지수가 2개인 일차방정식 두 개를 세운 후 한 쌍으로 묶는 것이야.
앞 단원에서 미지수가 2개인 일차방정식을 세우는 것을 연습했으니 두 개의 식도 어렵지 않게 구할 수 있어. 아하! 그렇구나~

■ 다음은 문장을 보고 x, y를 미지수로 하는 연립방정식으로 나타낸 것이다. □ 안에 알맞은 것을 써넣어라.

1. 두 수 x, y의 합은 21이고, x에서 y를 뺀 값은 9이다.

$$\begin{cases} x+y=\boxed{} \\ x-y=\boxed{} \end{cases}$$

2. x세인 영준이의 나이와 y세인 지후의 나이의 합은 28세이고, 영준이의 나이는 지후의 나이보다 4세가 더 많다.

$$\begin{cases} x+y=\boxed{} \\ x=y+\boxed{} \end{cases}$$

3. 3000원짜리 공책 x권과 1000원짜리 공책 y권을 합하여 모두 10권을 샀더니 12000원이었다.

$$\begin{cases} \boxed{}x+\boxed{}y=12000 \\ x+y=\boxed{} \end{cases}$$

4. 20문제가 출제된 수학 시험에서 4점짜리 문제 x개와 5점짜리 문제 y개를 맞혀서 85점을 얻었다.
(단, 틀린 문제는 없다.)

$$\begin{cases} \boxed{}x+\boxed{}y=85 \\ x+y=\boxed{} \end{cases}$$

■ 다음 문장을 미지수가 2개인 연립방정식으로 나타내어라.

5. 두 수 x, y에 대하여 x의 2배에서 y를 뺀 값은 15이고, x에 y의 4배를 더한 값은 20이다.

6. 오리 x마리와 강아지 y마리를 합하면 모두 18마리이고, 다리의 수는 모두 50개이다.

⇨ $\begin{cases} \\ \end{cases}$

Help 오리의 다리의 수는 2개이고, 강아지의 다리의 수는 4개이다.

7. 2000원짜리 과자 x개와 5000원짜리 아이스크림 y개를 합하여 모두 20개를 샀더니 58000원이었다.

⇨ $\begin{cases} \\ \end{cases}$

8. 둘레의 길이가 64 cm인 직사각형에서 가로의 길이 x cm는 세로의 길이 y cm의 3배이다.

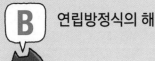

B 연립방정식의 해

해가 주어진 연립방정식은 그 해가 연립방정식으로 주어진 두 일차방정식을 모두 만족해야 연립방정식의 해가 되는 거야. 한 방정식만 만족하는 해가 주어질 때가 많으니 주의해야 해. 아하! 그렇구나~

■ $x=1$, $y=3$이 주어진 연립방정식의 해이면 ○를, 해가 <u>아니면</u> ×를 하여라.

1. $\begin{cases} x+2y=7 \\ -x+y=2 \end{cases}$

 _____

 Help $x=1$, $y=3$을 두 식에 대입하여 두 식 모두 성립해야 연립방정식의 해이다.

2. 앗! 실수
 $\begin{cases} 3x+2y=9 \\ -2x+y=3 \end{cases}$

 _____

3. $\begin{cases} -2x+4y=9 \\ x-y=-2 \end{cases}$

 _____

4. $\begin{cases} x-4y=-11 \\ 3x+y=6 \end{cases}$

 _____

5. $\begin{cases} x-3y=-8 \\ 2x+3y=11 \end{cases}$

 _____

■ $x=2$, $y=-2$가 주어진 연립방정식의 해이면 ○를, 해가 <u>아니면</u> ×를 하여라.

6. $\begin{cases} -x-3y=4 \\ x+2y=2 \end{cases}$

 _____

7. $\begin{cases} -4x+y=-10 \\ 2x+3y=-5 \end{cases}$

 _____

8. $\begin{cases} x-y=4 \\ x-2y=6 \end{cases}$

 _____

9. $\begin{cases} -3x+y=-8 \\ 3x+2y=2 \end{cases}$

 _____

10. $\begin{cases} x-2y=-6 \\ 7x+5y=4 \end{cases}$

 _____

C 연립방정식의 계수가 문자로 주어질 때

연립방정식 $\begin{cases} x-2ay=4 \\ 3x+by=2 \end{cases}$ 의 해가 $(2, 1)$일 때,

$x=2, y=1$을 두 일차방정식에 대입하면

$2-2a=4$에서 $a=-1$, $6+b=2$에서 $b=-4$가 돼.

잊지 말자. 꼬~옥!

■ 다음과 같이 연립방정식과 그 해가 주어질 때, 상수 a, b의 값을 각각 구하여라.

1. $\begin{cases} ax-2y=5 \\ x+by=2 \end{cases}$ $(1, -1)$

_____

2. $\begin{cases} -2x+ay=4 \\ bx+4y=10 \end{cases}$ $(1, 2)$

_____

3. $\begin{cases} ax+3y=7 \\ bx-2y=4 \end{cases}$ $(2, 3)$

_____

4. $\begin{cases} x-5ay=10 \\ 2bx-2y=8 \end{cases}$ $(-5, 1)$

_____

5. $\begin{cases} 2x+3ay=20 \\ bx-4y=4 \end{cases}$ $(4, 2)$

_____

6. $\begin{cases} -4ax+y=10 \\ 2bx+3y=6 \end{cases}$ $(-3, -2)$

_____

7. $\begin{cases} x-ay=15 \\ bx+5y=10 \end{cases}$ $(-1, -2)$

_____

8. $\begin{cases} -2ax+y=12 \\ x+2by=-7 \end{cases}$ $(1, 4)$

_____

D 연립방정식의 해 또는 계수가 문자로 주어질 때

연립방정식 $\begin{cases} x-2y=1 \\ x+ay=4 \end{cases}$ 의 해가 $(k+1,\ 3)$이면 $x=k+1,\ y=3$을 a가 없는 식 $x-2y=1$에 대입하여 k의 값을 구해.
구한 k의 값을 이용하여 해를 구하고 그 해를 a가 있는 식에 대입하여 a의 값을 구하면 돼. 아하! 그렇구나~

■ 다음과 같이 연립방정식과 그 해가 주어질 때, 상수 a, k의 값을 각각 구하여라.

1. $\begin{cases} -x+2y=-8 \\ 2ax+4y=8 \end{cases}$ $(k+1,\ -2)$

   _____

   Help $x=k+1,\ y=-2$를 a가 없는 식 $-x+2y=8$에 대입하여 k의 값을 먼저 구해야 한다.

2. $\begin{cases} -2x+y=-5 \\ -4x-5ay=11 \end{cases}$ $(1,\ 2k+1)$

   _____

3. $\begin{cases} x+3y=12 \\ ax+4y=9 \end{cases}$ $(k-1,\ 3)$

   _____

4. $\begin{cases} 5x+2ay=8 \\ -3x+2y=16 \end{cases}$ $(-4,\ k+3)$

   _____

5. $\begin{cases} 4x+ay=10 \\ x-5y=13 \end{cases}$ $(k+1,\ k)$

   _____

   Help $x=k+1,\ y=k$를 a가 없는 식 $x-5y=13$에 대입하여 k의 값을 먼저 구해야 한다.

6. $\begin{cases} ax+y=11 \\ 2x-y=13 \end{cases}$ $(k-1,\ -k)$

   _____

7. $\begin{cases} x-2y=6 \\ -3ax-8y=2 \end{cases}$ $(k,\ -2+k)$

   _____

8. $\begin{cases} 2x-4y=-18 \\ x+ay=12 \end{cases}$ $(k-1,\ k+1)$

   _____

[1~2] 연립방정식 세우기

앗! 실수

1. 윗몸일으키기를 준원이는 x회, 수민이는 y회 했다. 준원이와 수민이의 윗몸일으키기 횟수의 합은 75회이고, 수민이가 준원이보다 5회 더 많이 했다. x, y에 대한 연립방정식을 세워라.

2. 회원 수가 50명인 학교 동아리가 있다. 이 동아리 회원 중 남학생 x명의 $\dfrac{3}{10}$과 여학생 y명의 $\dfrac{2}{5}$인 18명이 SNS를 한다. x, y에 대한 연립방정식을 세워라.

적중률 80%

[3~4] 연립방정식의 해

3. 다음 연립방정식 중 순서쌍 $(2, 1)$을 해로 갖는 것은?

① $\begin{cases} x - 4y = -2 \\ x + 5y = 8 \end{cases}$ ② $\begin{cases} -2x + y = -5 \\ 3x + 6y = 10 \end{cases}$

③ $\begin{cases} 4x - y = 10 \\ 3x + 4y = 12 \end{cases}$ ④ $\begin{cases} 3x - y = 5 \\ -4x + 5y = -3 \end{cases}$

⑤ $\begin{cases} 6x + y = 13 \\ 3x - 4y = 1 \end{cases}$

4. 다음 중 연립방정식 $\begin{cases} 2x - y = -7 \\ -3x + y = 9 \end{cases}$ 의 해인 것은?

① $(1, 9)$ ② $(1, -3)$

③ $(-2, 3)$ ④ $(3, 2)$

⑤ $(-4, -3)$

적중률 70%

[5~6] 연립방정식의 해 또는 계수가 문자로 주어질 때

5. 다음 중 연립방정식 $\begin{cases} x - ay = 8 \\ 2bx + 3y = 11 \end{cases}$ 의 해가 $(4, 1)$일 때, $a + b$의 값은? (단, a, b는 상수)

① -3 ② -2 ③ 0

④ 1 ⑤ 3

6. 연립방정식 $\begin{cases} 5x + 2y = 10 \\ -2x + ay = 2 \end{cases}$ 의 해가 $(-k, k-1)$일 때, 상수 a의 값을 구하여라.

03 연립방정식의 풀이

● **연립방정식의 풀이 – 가감법**

두 일차방정식을 변끼리 더하거나 빼어서 한 미지수를 없애 연립방정식의 해를 구하는 방법

가감법에 의한 연립방정식의 풀이 순서

소거 : 미지수가 2개인 연립방정식에서 한 미지수를 없애는 것

① 두 미지수 중 어느 것을 소거할 것인지 정한다.

② 소거할 미지수의 계수의 절댓값이 같아지도록 각 방정식의 양변에 적당한 수를 곱한다.

③ 소거할 미지수의
 • 계수의 부호가 같으면 ⇨ 두 방정식을 변끼리 빼다.
 • 계수의 부호가 다르면 ⇨ 두 방정식을 변끼리 더한다.

④ ③에서 구한 해를 두 방정식 중 간단한 식에 대입하여 다른 미지수의 값을 구한다.

연립방정식 $\begin{cases} 3x-2y=4 & \cdots ㉠ \\ 2x-3y=1 & \cdots ㉡ \end{cases}$ 을 가감법으로 풀어 보자.

소거할 미지수 x의 계수의 절댓값이 같아지도록 ㉠×2, ㉡×3을 하면 $\begin{cases} 6x-4y=8 \\ 6x-9y=3 \end{cases}$

㉠×2−㉡×3을 하면 $5y=5$ ∴ $y=1$

$y=1$을 ㉠에 대입하면 $x=2$

따라서 연립방정식의 해는 $x=2, y=1$

● **연립방정식의 풀이 – 대입법**

연립방정식의 한 방정식을 소거할 미지수에 대하여 풀어 그 식을 다른 방정식에 대입하여 해를 구하는 방법

대입법에 의한 연립방정식의 풀이 순서

① 두 방정식 중 한 방정식을 $x=(y$의 식$)$이나 $y=(x$의 식$)$의 꼴이 되게 한다.

② ①의 식을 다른 방정식에 대입하여 해를 구한다.

연립방정식 $\begin{cases} x+y=5 & \cdots ㉠ \\ 3x-y=3 & \cdots ㉡ \end{cases}$ 을 대입법으로 풀어 보자.

㉠을 y에 대하여 풀면 $y=5-x$ $\cdots ㉢$

㉢을 ㉡에 대입하면 $3x-(5-x)=3$ ∴ $x=2$

$x=2$를 ㉢에 대입하면 $y=3$

따라서 연립방정식의 해는 $x=2, y=3$

[바빠 꿀팁!]

가감법과 대입법 중 어느 방법이 더 편리할까?

• 연립방정식의 두 방정식 중에서 어느 하나가 $x=(y$의 식$)$이나 $y=(x$의 식$)$의 꼴일 때는 대입법을 이용하는 것이 편리해.

• 방정식에서 x 또는 y의 계수가 1인 경우, 한 미지수에 대하여 풀기 쉬우므로 대입법이 편리해. 위의 두 가지 경우를 제외하면 일반적으로 가감법이 편리해. 하지만 어느 방법으로 풀어도 답은 같으니 스스로 편한 방법을 선택하면 돼.

아래 문제들과 같이 두 일차방정식에서 미지수 x, y 중에 절댓값이 같은 것이 있으면 그 문자를 소거하는 것이 편리해.

$$\begin{cases} x+y=3 \\ 2x-y=2 \end{cases} \Rightarrow \begin{array}{l} y \text{의 절댓값의 계수가 같으므로 두 식을 더하면 } y \\ \text{가 사라지게 돼.} \end{array}$$

아하! 그렇구나~

■ 다음 연립방정식을 가감법으로 풀어라.

1. $\begin{cases} x+y=6 \\ x-y=8 \end{cases}$

_____

   Help 두 식을 더하면 y가 사라지고 x의 값을 구할 수 있는데, 이 x의 값을 두 식 중 계산이 편한 식에 대입하여 y의 값을 구한다.

2. $\begin{cases} -x+y=5 \\ x+y=7 \end{cases}$

_____

3. $\begin{cases} x+3y=6 \\ x+y=4 \end{cases}$

_____

   Help 두 식을 빼면 x가 사라지고 y의 값을 구할 수 있는데, 이 y의 값을 두 식 중 계산이 편한 식에 대입하여 x의 값을 구한다.

4. $\begin{cases} x+y=10 \\ 2x+y=9 \end{cases}$

_____

5. $\begin{cases} -2x+y=8 \\ 2x+y=4 \end{cases}$

_____

6. $\begin{cases} x+4y=16 \\ 3x-4y=16 \end{cases}$

_____

7. $\begin{cases} 3x+6y=6 \\ -2x+6y=-14 \end{cases}$

_____

8. $\begin{cases} -4x+3y=8 \\ x+3y=13 \end{cases}$

_____

두 일차방정식에서 미지수 x, y 중에 절댓값이 같은 것이 없으면 절댓값이 같아지도록 한 방정식을 변형하여 다른 방정식의 계수와 절댓값이 같게 만들어야 해.
$\begin{cases} x+2y=-1 & \cdots \bigcirc \\ 2x-y=3 & \cdots \bigcirc \end{cases}$ 에서 $\bigcirc \times 2$를 하면 $\begin{cases} x+2y=-1 \\ 4x-2y=6 \end{cases}$

■ 다음 연립방정식을 가감법으로 풀어라.

1. $\begin{cases} x+2y=-3 \\ 2x-y=9 \end{cases}$

   _____

   Help x를 소거하려면 x의 계수를 같게 만들고, y를 소거하려면 y의 계수의 절댓값을 같게 만든다.

2. $\begin{cases} -3x+y=4 \\ x+2y=8 \end{cases}$

   _____

3. $\begin{cases} 2x+3y=16 \\ x-4y=-3 \end{cases}$

   _____

4. $\begin{cases} -x-4y=8 \\ 5x+2y=14 \end{cases}$

   _____

5. $\begin{cases} -x+6y=3 \\ -3x+4y=-5 \end{cases}$

   _____

6. **앗! 실수** $\begin{cases} -2x+y=10 \\ x-7y=21 \end{cases}$

   _____

7. $\begin{cases} x-3y=-9 \\ -4x+5y=8 \end{cases}$

   _____

8. $\begin{cases} 6x-7y=-1 \\ -x+4y=3 \end{cases}$

   _____

C 가감법 3

두 일차방정식에서 한 방정식만 변형하여 절댓값이 같아지는 미지수가 없으면 아래와 같이 두 일차방정식을 모두 변형해서 미지수의 절댓값이 같아지도록 만들어야 해.

$\begin{cases} 2x-3y=-1 & \cdots \ ㉠ \\ 3x+2y=5 & \cdots \ ㉡ \end{cases}$ 에서 ㉠×2, ㉡×3을 하면 $\begin{cases} 4x-6y=-2 \\ 9x+6y=15 \end{cases}$

■ 다음 연립방정식을 가감법으로 풀어라.

1. $\begin{cases} 2x+3y=15 \\ 3x-2y=3 \end{cases}$

   _____

   Help x의 계수를 같게 할지 y의 계수의 절댓값을 같게 할지부터 결정한다.

2. $\begin{cases} -2x+4y=8 \\ 3x-5y=-14 \end{cases}$

   _____

3. $\begin{cases} 3x+5y=8 \\ 5x+2y=7 \end{cases}$

   _____

4. $\begin{cases} 5x-2y=13 \\ 2x-3y=3 \end{cases}$

   _____

5. $\begin{cases} 3x+2y=-5 \\ -4x+7y=-3 \end{cases}$

   _____

6. $\begin{cases} 7x-4y=-6 \\ 5x-3y=-5 \end{cases}$

   _____

7. (앗 실수) $\begin{cases} 9x+2y=-8 \\ 4x+5y=17 \end{cases}$

   _____

8. $\begin{cases} 5x-7y=-4 \\ 4x-3y=2 \end{cases}$

   _____

D 대입법 1

연립방정식의 두 일차방정식 중 어느 하나가 $x=(y$의 식$)$ 또는 $y=(x$의 식$)$의 꼴인 경우에는 가감법보다 대입법을 이용하여 푸는 것이 편리해.

잊지 말자. 꼬~옥! ☀

■ 다음 연립방정식을 대입법으로 풀어라.

1. $\begin{cases} y=x+1 \\ x+y=3 \end{cases}$

_____

Help $y=x+1$을 $x+y=3$에 대입한다.

2. $\begin{cases} y=-x+5 \\ 2x+y=-2 \end{cases}$

_____

3. $\begin{cases} x=-3y+2 \\ x+2y=0 \end{cases}$

_____

4. $\begin{cases} x=4y-6 \\ x+3y=8 \end{cases}$

_____

5. $\begin{cases} y=x+3 \\ 2x-y=5 \end{cases}$

_____

6. $\begin{cases} y=-x+7 \\ 3x-2y=11 \end{cases}$

_____

7. $\begin{cases} x=2y-3 \\ 3x+y=5 \end{cases}$

_____

8. $\begin{cases} x=3y+4 \\ -3x+5y=8 \end{cases}$

_____

E 대입법 2

x 또는 y의 계수가 1인 경우 대입법을 이용할 때
① 두 일차방정식 중 한 계수가 1인 일차방정식을
  ⇨ $x=(y$의 식$)$ 또는 $y=(x$의 식$)$의 꼴이 되게 한다.
② ①의 식을 다른 일차방정식에 대입하여 방정식을 풀면 돼.

잊지 말자. 꼬~옥! 🐛

■ 다음 연립방정식을 대입법으로 풀어라.

1. $\begin{cases} y=x+7 \\ y=2x+6 \end{cases}$

   Help $y=x+7$, $y=2x+6$은 y의 값이 같으므로
   $x+7=2x+6$으로 놓고 x의 값을 구한다.

2. $\begin{cases} y=-3x+4 \\ y=2x-6 \end{cases}$

3. $\begin{cases} x=-2y+7 \\ x=-4y+11 \end{cases}$

4. $\begin{cases} x=7y+6 \\ x=2y+1 \end{cases}$

5. $\begin{cases} x-2y=3 \\ 2x-3y=7 \end{cases}$

   Help $x-2y=3$을 $x=2y+3$으로 변형하여 $2x-3y=7$
   에 대입한다.

6. $\begin{cases} 7x+y=10 \\ 5x+2y=11 \end{cases}$

7. $\begin{cases} 5x+y=4 \\ x+3y=12 \end{cases}$

8. $\begin{cases} -x+4y=1 \\ 2x-7y=-3 \end{cases}$

적중률 100%

[1~3] 가감법을 이용한 연립방정식의 풀이

1. 연립방정식 $\begin{cases} 5x-4y=3 \cdots ㉠ \\ 2x-5y=4 \cdots ㉡ \end{cases}$ 을 가감법을 이용하여 풀려고 한다. x를 소거하기 위해 필요한 식은?

   ① ㉠×2+㉡×5   ② ㉠×2−㉡×5
   ③ ㉠×5−㉡×2   ④ ㉠×5+㉡×4
   ⑤ ㉠×4−㉡×3

2. 연립방정식 $\begin{cases} -2x+6y=3 \\ 4x-7y=4 \end{cases}$ 를 풀면?

   ① $x=2, y=-\dfrac{1}{2}$ ② $x=\dfrac{3}{2}, y=2$

   ③ $x=\dfrac{3}{2}, y=-\dfrac{1}{2}$ ④ $x=\dfrac{9}{2}, y=2$

   ⑤ $x=-\dfrac{9}{2}, y=-2$

3. 연립방정식 $\begin{cases} 3x-10y=-1 \\ x-5y=-2 \end{cases}$ 의 해가 일차방정식 $x+y+a=0$을 만족할 때, 상수 a의 값을 구하여라.

적중률 90%

[4~6] 대입법을 이용한 연립방정식의 풀이

앗! 실수

4. 연립방정식 $\begin{cases} x=3y-2 \cdots ㉠ \\ 4x-10y=5 \cdots ㉡ \end{cases}$ 를 풀기 위해 ㉠을 ㉡에 대입하여 x를 소거했더니 $ay=13$이 되었다. 이때 상수 a의 값을 구하여라.

5. 연립방정식 $\begin{cases} y=3x+4 \\ 5x-2y=1 \end{cases}$ 의 해가 $x=a, y=b$일 때, $a-b$의 값은?

   ① 14   ② 12   ③ 11
   ④ 9   ⑤ 5

6. 연립방정식 $\begin{cases} y=-7x+5 \\ y=-3x+1 \end{cases}$ 의 해가 $x=a, y=b$일 때, ab의 값은?

   ① −6   ② −3   ③ −2
   ④ 0   ⑤ 1

04 조건이 주어진 연립방정식의 풀이

개념 강의 보기

● **연립방정식의 해를 알 때, 미지수 구하기**

연립방정식의 해를 두 일차방정식에 대입하여 미지수를 구한다.

연립방정식 $\begin{cases} ax - by = -1 & \cdots ㉠ \\ -bx + ay = 4 & \cdots ㉡ \end{cases}$ 의 해가 $x=1, y=2$일 때,

상수 a, b의 값을 구해 보자.

두 일차방정식 ㉠, ㉡에 $x=1, y=2$를 각각 대입하면

$\begin{cases} a - 2b = -1 \\ -b + 2a = 4 \end{cases}$ 가 되어 a, b의 연립방정식이 된다.

따라서 이 연립방정식을 풀면 $a=3, b=2$

바빠 꿀팁!

연립방정식을 풀 때, a, b, x, y가 모두 있으면 어려워 보이지만 단계별로 풀어 나가면 쉽게 풀 수 있어. 미지수 a, b가 포함된 연립방정식에서 해가 주어질 때, x, y의 값에 해를 대입하면 결국 a, b만 남게 되어 a, b의 연립방정식이 돼.

● **연립방정식의 해를 한 해로 갖는 일차방정식이 주어질 때**

① 주어진 세 일차방정식에서 a가 없는 두 일차방정식을 연립하여 해를 구한다.
② ①에서 구한 해를 나머지 일차방정식에 대입하여 상수 a의 값을 구한다.

연립방정식 $\begin{cases} 3x - y = 2 & \cdots ㉠ \\ x - 2y = a & \cdots ㉡ \end{cases}$ 의 해가 일차방정식 $y=2x$를 만족시킬 때,

상수 a의 값을 구해 보자.

a가 없는 ㉠에 $y=2x$를 대입하면 $x=2$ ∴ $y=4$

$x=2, y=4$를 ㉡에 대입하면 $2-8=a$ ∴ $a=-6$

● **연립방정식의 해의 조건이 주어질 때**

주어진 해의 조건을 식으로 나타낸 후 푼다.

① x의 값이 y의 값의 a배이다. ⇨ $x=ay$
② x와 y의 값의 합이 a이다. ⇨ $x+y=a$
③ x와 y의 값의 비가 $a:b$이다. ⇨ $x:y=a:b$

앗! 실수

연립방정식 $\begin{cases} a - 2b = -1 \\ -b + 2a = 4 \end{cases}$ 를 풀 때 a는 a끼리 b는 b끼리 순서를 바로 잡아야 실수를 줄일 수 있어.

위의 연립방정식을 $\begin{cases} a - 2b = -1 \\ 2a - b = 4 \end{cases}$ 이렇게 바꾸면 훨씬 쉬워 보이지?

A 연립방정식의 해를 알 때 미지수 구하기

연립방정식 $\begin{cases} ax+by=5 \\ bx-ay=2 \end{cases}$ 의 해가 $x=1$, $y=2$일 때 이 값을 대입하면

$\begin{cases} a+2b=5 \\ b-2a=2 \end{cases}$ 가 되어 a, b의 연립방정식이 돼.

아하! 그렇구나~

■ 다음 연립방정식의 해가 $x=1$, $y=2$일 때, 상수 a, b의 값을 각각 구하여라.

1. 앗실수
$\begin{cases} ax+by=3 \\ -bx+ay=1 \end{cases}$

_____

Help $x=1$, $y=2$를 두 일차방정식에 대입한다.

2. $\begin{cases} ax-by=-1 \\ bx+ay=13 \end{cases}$

_____

3. $\begin{cases} -ax+by=6 \\ -bx+ay=-6 \end{cases}$

_____

4. $\begin{cases} ax+by=-5 \\ bx+ay=2 \end{cases}$

_____

■ 다음 연립방정식의 해가 $x=-3$, $y=1$일 때, 상수 a, b의 값을 각각 구하여라.

5. $\begin{cases} ax-by=4 \\ -bx+ay=4 \end{cases}$

_____

6. 앗실수
$\begin{cases} -ax+by=12 \\ bx-ay=4 \end{cases}$

_____

7. $\begin{cases} ax+by=5 \\ bx-ay=15 \end{cases}$

_____

8. $\begin{cases} -ax+by=1 \\ -bx+ay=-5 \end{cases}$

_____

연립방정식의 해를 한 해로 갖는
일차방정식이 주어질 때 미지수 구하기

연립방정식 $\begin{cases} x-2y=4 \\ x+3y=a \end{cases}$ 의 해가 $y=-x$를 만족할 때 상수 a의 값을 구하려면 $x-2y=4$와 $y=-x$를 연립하여 x, y의 값을 구한 후, 그 값을 $x+3y=a$에 대입해야 해. 잊지 말자. 꼬~옥! ☺

■ 다음에서 상수 a의 값을 구하여라.

1. 연립방정식 $\begin{cases} 4x-y=6 \\ 3x-y=a \end{cases}$ 의 해가 일차방정식 $y=2x$ 를 만족

   Help 연립방정식 $4x-y=6$과 $y=2x$를 풀어서 해를 $3x-y=a$에 대입한다.

2. 연립방정식 $\begin{cases} 5x-2y=9 \\ x-y=a \end{cases}$ 의 해가 일차방정식 $y=4x$ 를 만족

3. 연립방정식 $\begin{cases} x-7y=5 \\ 2x+y=a \end{cases}$ 의 해가 일차방정식 $x=-3y$ 를 만족

4. 연립방정식 $\begin{cases} 2x-5y=15 \\ -x+3y=a \end{cases}$ 의 해가 일차방정식 $x=5y$ 를 만족

5. 연립방정식 $\begin{cases} 2x-5y=a \\ 2x+y=7 \end{cases}$ 의 해가 일차방정식 $6x-y=1$을 만족

6. 연립방정식 $\begin{cases} 6x-y=a \\ 3x-7y=13 \end{cases}$ 의 해가 일차방정식 $-3x+y=-1$을 만족

7. 연립방정식 $\begin{cases} 3x-2y=-1 \\ x+3y=a \end{cases}$ 의 해가 일차방정식 $2x+y=4$를 만족

8. 연립방정식 $\begin{cases} 4x-5y=13 \\ x-3y=a \end{cases}$ 의 해가 일차방정식 $x-2y=1$을 만족

해의 조건이 주어진 식에서 조건을 식으로 나타내고 연립방정식을 풀면 돼.
x의 값이 y의 값의 4배 ⇨ $x=4y$
x와 y의 값의 비가 $1:3$ ⇨ $y=3x$ 아하! 그렇구나~

■ 다음에서 상수 a의 값을 구하여라.

1. 연립방정식 $\begin{cases} x+2y=a+3 \\ 2x-3y=9 \end{cases}$ 를 만족하는 x의 값이

   y의 값의 3배

   _____

   Help x의 값이 y의 값의 3배이므로 $x=3y$와
   $2x-3y=9$를 연립하여 푼 후 $x+2y=a+3$에 대입한다.

2. 연립방정식 $\begin{cases} 3x-7y=4 \\ 2x-y=a+\dfrac{1}{2} \end{cases}$ 을 만족하는 x의 값이

   y의 값의 5배

   _____

3. 연립방정식 $\begin{cases} 5x-4y=7 \\ x+3y=a-6 \end{cases}$ 을 만족하는 y의 값이

   x의 값의 3배

   _____

4. 연립방정식 $\begin{cases} 8x-6y=15 \\ -2x+6y=3a \end{cases}$ 를 만족하는 y의 값이

   x의 값의 $\dfrac{1}{2}$배

   _____

5. 연립방정식 $\begin{cases} 3x-4y=10 \\ x+ay=6 \end{cases}$ 을 만족하는 x와 y의 값

   의 비가 $1:2$

   _____

   Help $x:y=1:2$이므로 $y=2x$

6. 연립방정식 $\begin{cases} x-6y=16 \\ ax+y=7 \end{cases}$ 을 만족하는 x와 y의 값

   의 비가 $2:3$

   _____

7. 연립방정식 $\begin{cases} 5x-4y=8 \\ 2ax-3y=5 \end{cases}$ 를 만족하는 x와 y의 값

   의 비가 $4:3$

   _____

8. 연립방정식 $\begin{cases} 3x-10y=15 \\ 2x-ay=6 \end{cases}$ 을 만족하는 x와 y의

   값의 비가 $5:4$

   _____

D 해가 서로 같은 두 연립방정식에서 미지수 구하기

두 연립방정식 $\begin{cases} x+y=3 \\ 5x-y=a \end{cases}$, $\begin{cases} 3x-by=7 \\ 4x-2y=6 \end{cases}$ 의 해가 서로 같을 때는 상수 a, b가 없는 $x+y=3$과 $4x-2y=6$을 연립하여 푼 후, 나머지 식에 대입하여 a, b의 값을 구하면 돼.

아하! 그렇구나~

■ 다음 두 연립방정식의 해가 서로 같을 때, 상수 a, b의 값을 각각 구하여라.

앗실수

1. $\begin{cases} x-y=5 \\ 3x+y=a \end{cases}$, $\begin{cases} 2x-by=8 \\ 2x+y=4 \end{cases}$

_____

Help $x-y=5$, $2x+y=4$를 연립하여 푼 후 구한 x, y의 값을 나머지 식에 대입하여 a, b의 값을 구한다.

2. $\begin{cases} x+2y=3 \\ 5x-y=a \end{cases}$, $\begin{cases} bx-4y=-3 \\ -x+3y=2 \end{cases}$

_____

3. $\begin{cases} -3x+y=1 \\ 7x-ay=-5 \end{cases}$, $\begin{cases} x-8y=-b \\ x+2y=2 \end{cases}$

_____

4. $\begin{cases} 2x+5y=2 \\ ax+3y=14 \end{cases}$, $\begin{cases} -3x+by=4 \\ x+6y=8 \end{cases}$

_____

5. $\begin{cases} 2x+3y=5 \\ x-ay=15 \end{cases}$, $\begin{cases} -2x-5y=b-1 \\ 3x+2y=-5 \end{cases}$

_____

6. $\begin{cases} -4x+3y=1 \\ x-2ay=7 \end{cases}$, $\begin{cases} bx-7y=1 \\ 3x-5y=2 \end{cases}$

_____

7. $\begin{cases} 2x-7y=5 \\ x+3ay=15 \end{cases}$, $\begin{cases} x-3y=b \\ 5x-16y=5 \end{cases}$

_____

8. $\begin{cases} 4x-9y=3 \\ -ax+2y=16 \end{cases}$, $\begin{cases} 2x+by=5 \\ 5x-11y=2 \end{cases}$

_____

[1~2] 연립방정식의 해를 알 때 미지수 구하기

1. 연립방정식 $\begin{cases} ax+by=4 \\ bx+2ay=5 \end{cases}$ 의 해가 $x=-1, y=2$

   일 때, 상수 a, b의 값을 각각 구하여라.

2. 순서쌍 $(-4, 1)$이 연립방정식 $\begin{cases} ax-by=29 \\ 3bx+ay=5 \end{cases}$ 의 해

   일 때, 상수 a, b에 대하여 $a-2b$의 값은?

   ① -5 ② -3 ③ 0
   ④ 1 ⑤ 2

[3~6] 같은 해를 가지는 일차방정식에서 미지수 구하기

3. 다음 세 일차방정식이 공통인 해를 가질 때, 상수 k
   의 값은?

   $$3x=-y+1, \quad kx-2y=19, \quad 5x+2y=-1$$

   ① 1 ② 2 ③ 3
   ④ 4 ⑤ 5

4. 연립방정식 $\begin{cases} 6x+y=5 \\ -4x+ay=-3 \end{cases}$ 의 해 (m, n)이 일차

   방정식 $-2x+3y=-5$의 해일 때, 상수 m, n, a에
   대하여 $m+n+a$의 값은?

   ① -2 ② -1 ③ 0
   ④ 1 ⑤ 2

5. 연립방정식 $\begin{cases} ax+4y=8 \\ 2x-3y=9 \end{cases}$ 를 만족시키는 x의 값이

   y의 값보다 4만큼 클 때, 상수 a의 값은?

   ① -4 ② -2 ③ -1
   ④ 1 ⑤ 4

6. 다음 두 연립방정식의 해가 서로 같을 때, 상수 a, b
   에 대하여 ab의 값을 구하여라.

   $$\begin{cases} -8x+3y=7 \\ 4x-ay=-5 \end{cases}, \quad \begin{cases} 2x+7y=-b \\ 4x+5y=3 \end{cases}$$

05

복잡한 연립방정식의 풀이

개념 강의 보기

- **복잡한 연립방정식의 풀이**

  ① 괄호가 있는 연립방정식

$$\begin{cases} 2(x-y)+3y=2 \\ -x+3(x-y)=4 \end{cases} \xrightarrow[\text{풀고}]{\text{괄호를}} \begin{cases} 2x-2y+3y=2 \\ -x+3x-3y=4 \end{cases} \xrightarrow[\text{정리}]{\text{동류항}} \begin{cases} 2x+y=2 \\ 2x-3y=4 \end{cases}$$

  ② 계수가 분수 또는 소수인 연립방정식

  계수가 분수일 때 : 양변에 분모의 최소공배수를 곱한다.

  계수가 소수일 때 : 양변에 10의 거듭제곱($10, 100, \cdots$)을 곱한다.

  ③ 방정식 $A=B=C$

  다음 세 가지 중 하나로 고쳐서 푼다. 모두 해가 같으므로 셋 중 가장 간단한 것을 선택한다.

$$\begin{cases} A=B \\ B=C \end{cases},\quad \begin{cases} A=B \\ A=C \end{cases},\quad \begin{cases} A=C \\ B=C \end{cases}$$

바빠 꿀팁!

- $x+y=3x-y=4$와 같이 상수항이 있는 방정식을 풀 때는 상수항만으로 되어 있는 식을 두 번 선택하여 풀어야 가장 쉽게 풀 수 있어.
$$\begin{cases} x+y=4 \\ 3x-y=4 \end{cases}$$

- $2x-y=-x+4y=x-1$의 방정식을 풀 때는 상수항만으로 되어 있는 식이 없으므로 가장 간단한 식 $x-1$을 두 번 선택하여 풀어야 가장 쉽게 풀 수 있어.
$$\begin{cases} 2x-y=x-1 \\ -x+4y=x-1 \end{cases}$$

- **해가 특수한 연립방정식**

한 쌍의 해를 갖는 일반적인 연립방정식 외에 해가 무수히 많거나 해가 없는 연립방정식도 있다.

① 해가 무수히 많은 연립방정식

두 방정식을 변형하였을 때, 미지수의 계수와 상수항이 각각 같다.

$$\begin{cases} x-2y=4 & \cdots \text{㉠} \\ 2x-4y=8 & \cdots \text{㉡} \end{cases} \xrightarrow{\text{㉠}\times 2\text{를 하면}} \begin{cases} 2x-4y=8 \\ 2x-4y=8 \end{cases}$$
각각 같다.

② 해가 없는 연립방정식

두 방정식을 변형하였을 때, 미지수의 계수는 같지만 상수항이 다르다.

$$\begin{cases} x-2y=3 & \cdots \text{㉠} \\ 2x-4y=8 & \cdots \text{㉡} \end{cases} \xrightarrow{\text{㉠}\times 2\text{를 하면}} \begin{cases} 2x-4y=6 \\ 2x-4y=8 \end{cases}$$
각각 같다.   다르다.

앗! 실수

계수에 분수가 있는 등식에서 양변에 분모의 최소공배수를 곱할 때는 모든 항에 곱해 주어야 해. 특히 자연수로 되어 있는 상수항에 곱하지 않는 학생들이 많으니 주의하자.

$\dfrac{x}{4}+\dfrac{y}{5}=2$에 4와 5의 최소공배수인 20을 곱할 때

$5x+4y=2\ (\times)$ $5x+4y=40\ (\bigcirc)$

괄호가 있는 연립방정식을 풀 때에는 분배법칙을 이용하여 괄호를 풀고 동류항끼리 정리한 후 가감법이나 대입법을 이용하면 돼.

아하! 그렇구나~ 🐡

■ 다음 연립방정식을 풀어라.

1. $\begin{cases} 2(x-y)+3y=3 \\ -x+3(x-y)=7 \end{cases}$

   Help $a(x+y)=ax+ay$, $a(x-y)=ax-ay$로 괄호 안의 모든 항에 괄호 앞의 상수를 곱하여 전개한다.

2. $\begin{cases} -(x-3y)-6y=-8 \\ 5x-3(x-y)=10 \end{cases}$

   Help $-(x+y)=-x-y$, $-(x-y)=-x+y$로 괄호 앞에 $-$가 있으면 괄호 안의 모든 항의 부호를 바꾼다.

3. $\begin{cases} 6x-(2x+y)=1 \\ 4(-2x+y)-3y=-2 \end{cases}$

4. $\begin{cases} 3x-(5x+y)=13 \\ 2(x-2y)-3x=3 \end{cases}$

5. $\begin{cases} -(x+4y)+5y=5 \\ 2x+5(x-y)=-19 \end{cases}$

6. $\begin{cases} 7(x-y)+4y=4 \\ 4x+2(x-y)=4 \end{cases}$

7. $\begin{cases} x-(3x+4y)=2 \\ 2(4x+y)+5y=1 \end{cases}$

8. 앗! 실수 $\begin{cases} 10x-3(3x-y)=9 \\ 4(x-2y)+13y=8 \end{cases}$

계수가 소수인 연립방정식을 풀 때에는 양변의 모든 항에 10, 100, 1000, …을 곱하여 계수를 정수로 고친 후 풀면 돼.

잊지 말자. 꼬~옥! ⚙

■ 다음 연립방정식을 풀어라.

1. $\begin{cases} 0.1x - 0.3y = -0.2 \\ -0.1x + 0.4y = 0.5 \end{cases}$

_____

2. $\begin{cases} 0.2x - 0.7y = 0.4 \\ 0.1x - 0.4y = 0.5 \end{cases}$

_____

3. (앗! 실수) $\begin{cases} -0.3x + 0.4y = 1 \\ 0.02x - 0.01y = 0.05 \end{cases}$

_____

4. $\begin{cases} 0.05x - 0.02y = 0.12 \\ 0.3x + 0.4y = 0.2 \end{cases}$

_____

5. (앗! 실수) $\begin{cases} -0.2x + 0.04y = 0.4 \\ 0.05x - 0.03y = 0.1 \end{cases}$

_____

Help 계수가 소수일 때, 모든 소수를 정수로 만들 수 있는 10의 거듭제곱을 곱한다.

6. $\begin{cases} 0.06x - 0.1y = -0.08 \\ 0.18x - 0.07y = 0.22 \end{cases}$

_____

7. $\begin{cases} -0.1x + 0.2y = 0.3 \\ 0.3x + 0.25y = -0.05 \end{cases}$

_____

8. $\begin{cases} 0.04x + 0.1y = 0.08 \\ 0.2x + 0.17y = -0.26 \end{cases}$

_____

C 계수가 분수인 연립방정식의 풀이

계수가 분수인 연립방정식을 풀 때에는 양변의 모든 항에 분모의 최소공배수를 곱하여 계수를 정수로 고친 후 풀면 돼.

잊지 말자. 꼬~옥!

■ 다음 연립방정식을 풀어라.

1. $\begin{cases} \dfrac{1}{2}x - \dfrac{2}{3}y = 1 \\ -\dfrac{3}{4}x + \dfrac{1}{8}y = 2 \end{cases}$

> **Help** 첫번째 방정식은 2와 3의 최소공배수인 6을 곱하고, 두번째 방정식은 4와 8의 최소공배수인 8을 곱한다.

2. $\begin{cases} \dfrac{1}{4}x - \dfrac{5}{6}y = \dfrac{5}{2} \\ -\dfrac{2}{5}x + \dfrac{1}{2}y = 1 \end{cases}$

3. $\begin{cases} -x - \dfrac{1}{4}y = \dfrac{3}{8} \\ \dfrac{8}{3}x + 2y = \dfrac{1}{3} \end{cases}$

4. $\begin{cases} \dfrac{1}{4}x - \dfrac{2}{3}y = -\dfrac{3}{2} \\ -\dfrac{1}{2}x + \dfrac{5}{6}y = \dfrac{3}{2} \end{cases}$

5. $\begin{cases} \dfrac{7}{5}x + y = 2 \\ -\dfrac{5}{2}x + \dfrac{5}{3}y = -\dfrac{3}{2} \end{cases}$

6. $\begin{cases} x - \dfrac{7}{8}y = -\dfrac{3}{2} \\ -\dfrac{8}{5}x + \dfrac{1}{2}y = \dfrac{3}{5} \end{cases}$

7. $\begin{cases} \dfrac{1}{3}x + \dfrac{3}{4}y = \dfrac{13}{4} \\ \dfrac{5}{6}x - \dfrac{1}{4}y = \dfrac{7}{4} \end{cases}$

8. $\begin{cases} \dfrac{2}{3}x + \dfrac{5}{2}y = \dfrac{7}{6} \\ \dfrac{5}{4}x + \dfrac{7}{2}y = 1 \end{cases}$

D 방정식 $A=B=C$의 풀이

방정식 $A=B=C$는 $\begin{cases} A=B \\ B=C \end{cases}$, $\begin{cases} A=B \\ A=C \end{cases}$, $\begin{cases} A=C \\ B=C \end{cases}$ 의 세 가지 연립 방정식 중 가장 간단한 것을 선택하여 풀면 돼.
상수항만으로 되어 있는 식이 있다면 그 식을 두 번 이용하여 연립방정식을 만들면 계산이 쉬워져. 아하! 그렇구나~

■ 다음 방정식을 풀어라.

1. $3x-y=-5x+2y+7=3$

   Help $\begin{cases} 3x-y=3 \\ -5x+2y+7=3 \end{cases}$ 이 가장 간단한 식이다.

2. $x+7y-6=4x-11y=5$

3. $2x-9y+5=-3x+8y+3=x-1$

4. $-5x+2y-1=y+5=x+2y+5$

5. $-3x+4y+1=2x-y-4=x-3y$

6. $2x-5y-2=x+y+5=3x+y+3$

7. $x-2y+3=-2x+5y+1=x+3y-7$

8. $x+5y+14=4x+3y+4=2x-y$

• 주어진 연립방정식을 변형하여 x의 계수, y의 계수, 상수항이 모두 같아지면 ⇨ 연립방정식의 해가 무수히 많아.
• 주어진 연립방정식을 변형하여 x의 계수, y의 계수는 같고 상수항이 다르면 ⇨ 연립방정식의 해가 없어.

이 정도는 암기해야 해~ 암암!

■ 다음 연립방정식의 해가 무수히 많으면 ○를, 해가 없으면 ×를 하여라.

1. $\begin{cases} 2x-y=-4 \\ 6x-3y=-12 \end{cases}$

——————————

Help $2x-y=-4$의 양변에 3을 곱하면
$6x-3y=-12$가 되어 두 식이 일치한다.

2. $\begin{cases} 4x-5y=3 \\ -8x+10y=-6 \end{cases}$

——————————

앗! 실수

3. $\begin{cases} -3x+4y=-2 \\ 6x-8y=1 \end{cases}$

——————————

Help $-3x+4y=-2$의 양변에 -2를 곱하면
$6x-8y=4$가 되어 주어진 식인 $6x-8y=1$과 x의 계수와 y의 계수는 같지만 상수항이 다르다.

4. $\begin{cases} 2x-5y=4 \\ 10x-25y=-20 \end{cases}$

——————————

5. $\begin{cases} -x+2(x+3y)=4 \\ -(x-y)-7y=-4 \end{cases}$

——————————

6. $\begin{cases} 2(-x+5y)-4y=8 \\ 2(x+3y)-3(x+y)=4 \end{cases}$

——————————

7. $\begin{cases} 3(x+3y)-7y=1 \\ -2y+6(x+y)=3 \end{cases}$

——————————

8. $\begin{cases} 4x-(2x+y)=5 \\ 4x+4(x-y)=20 \end{cases}$

——————————

[1~4] 복잡한 연립방정식의 풀이

1. 연립방정식 $\begin{cases} 3x+2(x-y)=5 \\ 4(x+y)-5y=1 \end{cases}$ 의 해가 $x=a$,

   $y=b$일 때, $a+b$의 값은?

   ① -8 ② -6 ③ -3

   ④ 0 ⑤ 2

앗실수
2. 연립방정식 $\begin{cases} \dfrac{1}{2}x-0.3y=0.5 \\ -0.4x+\dfrac{3}{5}y=0.2 \end{cases}$ 를 풀어라.

앗실수
3. 다음 연립방정식을 풀어라.

$$\begin{cases} \dfrac{x+3y}{4}-\dfrac{2x+y}{3}=-\dfrac{1}{6} \\ -\dfrac{3x-1}{2}+\dfrac{5}{4}y=\dfrac{1}{2} \end{cases}$$

4. 다음 방정식을 풀어라.

$$\frac{x-4y}{2}=\frac{x+6}{5}=\frac{x-4y}{4}$$

[5~6] 해가 무수히 많거나 없는 연립방정식

5. 연립방정식 $\begin{cases} ax-3y=5 \\ -4x+by=-10 \end{cases}$ 의 해가 무수히

   많을 때, 상수 a, b에 대하여 $a-b$의 값은?

   ① -4 ② -2 ③ 0

   ④ 1 ⑤ 3

6. 연립방정식 $\begin{cases} 5x-2y=a \\ -20x+8y=-12 \end{cases}$ 의 해가 존재하지

   않을 때, 상수 a의 값이 될 수 <u>없는</u> 것은?

   ① 1 ② 2 ③ 3

   ④ 4 ⑤ 5

06

연립방정식의 활용 1

● **자연수의 자릿수 변화에 대한 문제**

십의 자리의 숫자가 x, 일의 자리의 숫자가 y인 두 자리 자연수는

⇨ 처음 수 : $10x+y$, 십의 자리와 일의 자리의 숫자를 바꾼 수 : $10y+x$

'두 자리의 자연수가 있다. 각 자리의 숫자의 합은 11이고, 십의 자리와 일의 자리의 숫자를 바꾼 수는 처음 수보다 9만큼 크다.'를 연립방정식으로 세워 보자.

바빠 꿀팁!

① 미지수 정하기	십의 자리의 숫자를 x, 일의 자리의 숫자를 y라 하자.
② 문제에서 방정식을 만들 수 있는 내용 정리하기	• 각 자리의 숫자의 합이 11이다. • 십의 자리의 숫자와 일의 자리의 숫자를 바꾼 수는 처음 수보다 9만큼 크다.
③ 연립방정식 세우기	$\begin{cases} x+y=11 \\ 10y+x=10x+y+9 \end{cases}$

이 단원의 문제들은 모두 1학년 때 풀었던 미지수가 1개인 일차방정식으로도 풀 수 있어. 같은 유형의 문제를 2학년에서는 연립방정식으로 푸는 거지. 물론 처음에는 미지수가 2개인 것이 부담스럽지만 구하려는 값을 두 개 찾아서 x, y라 하면 연립방정식으로 푸는 것이 훨씬 쉽다는 것을 알게 될 거야.

● **개수, 가격에 대한 문제**

A, B 한 개의 가격을 알 때, 전체 개수와 전체 가격이 주어지면

⇨ A, B의 개수를 각각 x, y로 놓고 연립방정식을 세운다.

⇨ $\begin{cases} (A의 개수)+(B의 개수)=(전체 개수) \\ (A의 전체 가격)+(B의 전체 가격)=(전체 가격) \end{cases}$

'1000원짜리 과자와 1500원짜리 빵을 합하여 6개를 사고 8000원을 지불하였다.'를 연립방정식으로 세워 보자.

믿어 주세요!
미지수가 1개인 일차방정식보다
연립방정식으로 푸는 것이
더 쉬워요!

① 미지수 정하기	1000원짜리 과자의 개수를 x개, 1500원짜리 빵의 개수를 y개라 하자.
② 문제에서 방정식을 만들 수 있는 내용 정리하기	• 과자와 빵의 개수의 합이 6이다. • 과자와 빵의 가격의 합이 8000원이다.
③ 연립방정식 세우기	$\begin{cases} x+y=6 \\ 1000x+1500y=8000 \end{cases}$

● **여러 가지 개수에 대한 문제**

다리가 a개인 동물이 x마리, b개인 동물이 y마리 있으면

⇨ $\begin{cases} x+y=(전체 동물의 수) \\ ax+by=(전체 동물의 다리의 수) \end{cases}$

'강아지와 닭이 모두 10마리이고 다리 수의 합은 28이다.'를 연립방정식으로 세워 보자.

강아지를 x마리, 닭을 y마리라 하면 $x+y=10$

강아지의 다리 수는 4개, 닭의 다리 수는 2개이므로 $4x+2y=28$

연립방정식을 세우면 $\begin{cases} x+y=10 \\ 4x+2y=28 \end{cases}$

연립방정식을 세울 때는 문장을 한꺼번에 읽지 말고 끊어서 읽고, 중요한 부분은 줄을 치고 숫자에는 ○를 그려 넣어 봐.
이렇게 하면 그냥 읽는 것보다 식을 세우는 데 많은 도움이 되거든.

아하! 그렇구나~

1. 어떤 두 자연수의 합이 ㊾이고, 차는 ⑫이다. 두 자연수 중 큰 수를 구하여라.

   _____

   Help 큰 수를 x, 작은 수를 y라 하면
   $x+y=42$, $x-y=12$

2. 어떤 두 자연수의 합이 65이고, 차는 21이다. 두 자연수 중 큰 수를 구하여라.

   _____

3. 어떤 두 자연수의 합이 74이고, 차는 38이다. 두 자연수 중 작은 수를 구하여라.

   _____

4. 어떤 두 수의 합은 ㉝이고, 큰 수에서 작은 수의 ②배를 빼면 ⑨이다. 작은 수를 구하여라.

   _____

   Help 큰 수를 x, 작은 수를 y라 하면
   $x+y=33$, $x-2y=9$

5. 어떤 두 수의 합은 27이고, 큰 수에서 작은 수의 3배를 빼면 3이다. 작은 수를 구하여라.

   _____

6. 어떤 두 수의 합은 42이고, 작은 수의 3배에서 큰 수를 빼면 18이다. 큰 수를 구하여라.

   _____

처음 두 자리의 자연수의 십의 자리의 숫자를 x, 일의 자리의 숫자를 y라 하면
⇨ 처음 수는 $10x+y$
⇨ 십의 자리의 숫자와 일의 자리의 숫자를 바꾼 수는 $10y+x$
이 정도는 암기해야 해~ 암암! ⚙

1. 두 자리의 자연수가 있다. 각 자리의 숫자의 합은 ⑨ 이고, 십의 자리의 숫자와 일의 자리의 숫자를 바꾼 수는 처음 수보다 ㉗ 만큼 크다. □ 안에 알맞은 수를 써넣고, 처음 수를 구하여라.

> 처음 수의 십의 자리의 숫자를 x, 일의 자리의 숫자를 y라 하면, 각 자리의 숫자의 합은 9이므로
> $x+y=$□
> 처음 수는 $10x+y$, 바꾼 수는 $10y+x$이므로
> $10y+x=(10x+y)+$□

_____

2. 두 자리의 자연수가 있다. 각 자리의 숫자의 합은 12 이고, 십의 자리의 숫자와 일의 자리의 숫자를 바꾼 수는 처음 수보다 36만큼 작다. 처음 수를 구하여라.

_____

3. 두 자리의 자연수가 있다. 일의 자리의 숫자는 십의 자리의 숫자보다 ⑤ 만큼 크고, 십의 자리의 숫자와 일의 자리의 숫자를 바꾼 수는 처음 수의 ②배보다 ④ 만큼 작다. □ 안에 알맞은 수를 써넣고, 처음 수를 구하여라.

> 처음 수의 십의 자리의 숫자를 x, 일의 자리의 숫자를 y라 하면 일의 자리의 숫자는 십의 자리의 숫자보다 5만큼 크므로 $y=x+$□
> 또, 처음 수는 $10x+y$, 바꾼 수는 $10y+x$이므로
> $10y+x=$□$(10x+y)-$□

_____

4. 두 자리의 자연수가 있다. 일의 자리의 숫자는 십의 자리의 숫자보다 4만큼 크고, 십의 자리의 숫자와 일의 자리의 숫자를 바꾼 수는 처음 수의 3배보다 16만큼 작다. 처음 수를 구하여라.

_____

가격과 개수에 대한 문제에서 가격이 나와 있으면 미지수 x, y는 개수 또는 사람 수로 놓고 개수의 합에 대한 식과 총 금액에 대한 식을 세우면 연립방정식이 돼.

아하! 그렇구나~

1. 승아는 편의점에서 1000원짜리 음료수와 700원짜리 빵을 합하여 7개를 사고 5800원을 지불하였다. □ 안에 알맞은 수를 써넣고, 승아가 산 빵의 개수를 구하여라.

음료수의 개수를 x개, 빵의 개수를 y개라 하면
$x+y=\boxed{}$, $\boxed{}x+\boxed{}y=5800$

_____

2. 형준이는 문방구에서 한 자루에 800원 하는 볼펜과 한 권에 2000원 하는 공책을 합하여 6개를 사고 7200원을 지불하였다. 이때 형준이가 산 볼펜과 공책의 개수를 각각 구하여라.

_____

3. 어느 미술관의 입장료는 어른은 1500원, 청소년은 800원이라 한다. 어느 날 이 미술관에 어른과 청소년을 합하여 56명이 입장하였다. 총 입장료가 58800원일 때, □ 안에 알맞은 수를 써넣고, 이 날 입장한 어른의 수와 청소년의 수를 각각 구하여라.

어른의 수를 x명, 청소년의 수를 y명이라 하면
$x+y=\boxed{}$, $\boxed{}x+\boxed{}y=58800$

_____

4. 어느 연극의 입장료는 어른은 12000원, 청소년은 8000원이라 한다. 어느 날 이 연극을 어른과 청소년을 합하여 27명이 보았다. 총 입장료가 252000원일 때, 이 연극을 본 어른의 수와 청소년의 수를 각각 구하여라.

_____

가격과 개수에 대한 문제에서 개수가 나와 있으면 미지수 x, y는 각각의 금액으로 놓고, 여러 가지 개수를 샀을 때의 총 금액으로 식을 세우면 돼. 잊지 말자. 꼬~옥! 🐾

1. 사과 ⑤개와 배 ③개를 샀더니 ⑫⑤⓪⓪원이었고, 사과 ⑦개와 배 ④개를 샀더니 17000원이었다. 이때 ☐ 안에 알맞은 수를 써넣고, <u>사과 한 개의 가격을 구하여라.</u>

> 사과 한 개의 가격을 x원, 배 한 개의 가격을 y원이라 하면
>
> $\boxed{}x+\boxed{}y=12500, \boxed{}x+\boxed{}y=17000$

———————

2. 감자 과자 6개와 고구마 과자 4개를 샀더니 14400원이었고, 감자 과자 3개와 고구마 과자 7개를 샀더니 13200원이었다. 이때 고구마 과자 한 개의 가격을 구하여라.

———————

3. 팔찌 ②개와 목걸이 ⑤개를 샀더니 ㉒㉕⓪⓪원이었고, 팔찌 ③개와 목걸이 ③개를 샀더니 18000원이었다. 이때 ☐ 안에 알맞은 수를 써넣고, <u>팔찌 한 개의 가격을 구하여라.</u>

> 팔찌 한 개의 가격을 x원, 목걸이 한 개의 가격을 y원이라 하면
>
> $\boxed{}x+\boxed{}y=22500, \boxed{}x+\boxed{}y=18000$

———————

4. 샤프펜슬 2자루와 볼펜 4자루를 샀더니 12800원이었고, 샤프펜슬 4자루와 볼펜 3자루를 샀더니 19600원이었다. 이때 볼펜 한 자루의 가격을 구하여라.

———————

E 여러 가지 개수에 대한 문제

동물에 대한 문제는 전체 동물의 수에 대한 식과 다리 수에 대한 식을 세워야 하는데 동물 중에서 다리의 수가 4개인 동물과 다리의 수가 2개인 동물을 생각하면서 식을 세워야 해.

잊지 말자. 꼬~옥!

1. 동물원에서 한 우리에 염소와 닭을 키우고 있는데 동물의 마릿 수의 합은 ⟨28마리⟩이고, 다리 수의 합은 ⟨72개⟩일 때, □ 안에 알맞은 수를 써넣고, 염소의 마릿수를 구하여라.

   ┌─────────────────────────────────┐
   │ 염소를 x마리, 닭을 y마리라 하면   │
   │ $x+y=\boxed{}, \boxed{}x+\boxed{}y=72$ │
   └─────────────────────────────────┘

   _____

2. 어느 팀이 농구 경기에서 2점 슛과 3점 슛을 합하여 22개를 넣어서 51점을 득점하였다. 이때 넣은 3점 슛의 개수를 구하여라.

   _____

3. 재아네 반에서 ③명 또는 ④명이 모둠을 지어서 수행평가를 한다고 한다. 모둠의 수는 ⟨11모둠⟩이고 재아네 반 학생은 모두 ⟨39명⟩일 때, □ 안에 알맞은 수를 써넣고, 4명이 한 모둠인 모둠 수를 구하여라.

   ┌─────────────────────────────────┐
   │ 3명이 한 모둠인 모둠이 x모둠, 4명이 한 모둠 │
   │ 인 모둠이 y모둠이라 하면   │
   │ $x+y=\boxed{}, \boxed{}x+\boxed{}y=39$ │
   └─────────────────────────────────┘

   _____

4. 시은이는 사탕 한 봉지를 사서 매일 2개 또는 3개씩 먹으려고 한다. 사탕을 모두 25일 만에 다 먹었고 사탕의 총 개수가 65일 때 사탕을 2개 먹은 날은 며칠인지 구하여라.

   _____

[1~6] 연립방정식의 활용

적중률 90%

1. 어떤 두 수의 합은 47이고, 큰 수에서 작은 수의 2배를 빼면 2이다. 이때 큰 수와 작은 수의 차는?

① 8   ② 11   ③ 17

④ 21   ⑤ 23

적중률 80%

2. 두 자리의 자연수가 있다. 각 자리의 숫자의 합은 5이고, 십의 자리의 숫자와 일의 자리의 숫자를 바꾼 수는 처음 수보다 27만큼 작다. 처음 수를 구하여라.

3. 다음 조건을 모두 만족하는 자연수를 구하여라.

> (개) 두 자리의 자연수이다.
> (내) 이 자연수는 각 자리의 숫자의 합의 3배와 같다.
> (대) 이 자연수의 십의 자리의 숫자와 일의 자리의 숫자를 바꾼 수는 처음 수의 2배보다 18만큼 크다.

4. 어느 지역으로 가는 고속버스의 요금은 어른은 22000원, 청소년은 15000원이라 한다. 한 대의 고속버스에 어른과 청소년을 합하여 22명이 탔고, 총 요금이 435000원일 때, 이 고속버스에 탄 어른의 수와 청소년의 수를 각각 구하여라.

적중률 80%

5. 채은이가 마트에 가서 커피 음료수 3개와 탄산 음료수 8개를 샀더니 12600원이었고, 커피 음료수 2개와 탄산 음료수 9개를 샀더니 11700원이었다. 이때 탄산 음료수 한 개의 가격은?

① 800원   ② 900원   ③ 1000원

④ 1200원   ⑤ 1500원

6. 중간고사 수학 시험에서 객관식은 4점, 주관식은 5점이다. 이 시험에서 수민이가 맞힌 문제는 모두 20문제이고 87점을 받았다면 수민이는 몇 개의 주관식 문제를 맞혔는지 구하여라.

07 연립방정식의 활용 2

개념 강의 보기

● 증가, 감소에 대한 문제

① x에서 $a\%$ 증가하였을 때

증가량 : $\dfrac{a}{100}x$, 전체 양 : $x+\dfrac{a}{100}x=\left(1+\dfrac{a}{100}\right)x$

② x에서 $b\%$ 감소하였을 때

감소량 : $\dfrac{b}{100}x$, 전체 양 : $x-\dfrac{b}{100}x=\left(1-\dfrac{b}{100}\right)x$

'어느 학교의 작년의 학생 수는 1000명이었는데 올해는 남학생이 3% 줄고, 여학생이 7% 늘어서 1010명이 되었다. 올해의 여학생 수를 구하여라.'를 풀어 보자.

바빠 꿀팁!

① 미지수 정하기	작년의 남학생 수를 x명, 작년의 여학생 수를 y명이라 하자.
② 문제에서 방정식을 만들 수 있는 내용 정리하기	• 작년의 학생 수는 1000명이다. • 올해 학생 수는 작년보다 10명이 늘었다.
③ 연립방정식 세우기	$\begin{cases} x+y=1000 \\ -\dfrac{3}{100}x+\dfrac{7}{100}y=10 \end{cases}$
④ 연립방정식 풀기	$x=600,\ y=400$ 올해의 여학생 수는 $400+\dfrac{7}{100}\times400=428$(명)

• 증가, 감소에 대한 문제는 올해의 학생 수 또는 올해의 수확량을 구하라는 문제라도 작년의 학생 수 또는 작년의 수확량을 $x,\ y$로 놓아야 해.

• 일에 대한 문제에서 가장 중요한 것은 전체 일의 양을 1로 놓은 다음 각자 하루에 할 수 있는 일의 양을 $x,\ y$라 하고 식을 세워야 해.

● 일에 대한 문제

① 일의 양이 주어지지 않으면 전체 일의 양을 1로 놓는다.
② 한 사람이 단위 시간에 할 수 있는 일의 양을 각각 미지수 $x,\ y$로 놓는다.

'다영이와 수민이가 4일 동안 함께 작업하여 마칠 수 있는 일을 다영이가 2일 동안 작업한 후 나머지를 수민이가 8일 동안 작업하여 모두 마쳤다. 이 일을 다영이가 혼자서 하면 며칠이 걸리는지 구하여라.'를 풀어 보자.

4일 지나니 다 끝냈고 일한 양은 1이네!

① 미지수 정하기	다영이와 수민이가 1일 동안 할 수 있는 일의 양을 각각 $x,\ y$라 하자.
② 문제에서 방정식을 만들 수 있는 내용 정리하기	• 둘이 같이 일한 날 수는 4일이다. • 다영이가 2일, 수민이가 8일 일했다.
③ 연립방정식 세우기	$\begin{cases} 4x+4y=1 \\ 2x+8y=1 \end{cases}$
④ 연립방정식 풀기	$x=\dfrac{1}{6},\ y=\dfrac{1}{12}$ ⇨ 다영이가 혼자서 하면 6일이 걸린다.

앗! 실수

위의 두 가지 유형에서 보면 미지수로 놓은 $x,\ y$가 답이 아닌 것을 알 수 있어. $x,\ y$값이 나오면 무조건 답으로 적는 학생들은 반드시 주의해서 구한 $x,\ y$값을 문제에서 구하라고 하는 것으로 변형하여 답으로 만들어야 해.

두 사람의 나이를 각각 x세, y세라 하고 연립방정식을 세우면 돼.
현재 아버지가 x세이고 아들이 y세라 하면 a년 후의 두 사람의 나이는
$(x+a)$세, $(y+a)$세가 되지.

아하! 그렇구나~

1. 현재 어머니의 나이와 아들의 나이의 합은 61세이고, 7년 후에는 어머니의 나이가 아들의 나이의 2배가 된다고 한다. □ 안에 알맞은 수를 써넣고, 현재 어머니의 나이를 구하여라.

> 현재 어머니의 나이를 x세, 아들의 나이를 y세라 하면 $x+y=$ □
>
> 7년 후의 두 사람의 나이는 각각 $(x+$□$)$세, $(y+$□$)$세이므로 $x+$□$=2(y+$□$)$

———————

2. 현재 아버지의 나이와 딸의 나이의 합은 50세이고, 5년 후에는 아버지의 나이가 딸의 나이의 3배가 된다고 한다. 현재 딸의 나이를 구하여라.

———————

3. 현재 아버지의 나이와 아들의 나이의 차는 33세이고, 10년 후에는 아버지의 나이가 아들의 나이의 2배보다 5세가 많다고 한다. □ 안에 알맞은 수를 써넣고, 현재 아버지의 나이와 아들의 나이를 각각 구하여라.

> 현재 아버지의 나이를 x세, 아들의 나이를 y세라 하면 $x-y=$ □
>
> 10년 후의 두 사람의 나이는 각각 $(x+$□$)$세, $(y+$□$)$세이므로 $x+$□$=2(y+$□$)+5$

———————

4. 현재 어머니의 나이와 딸의 나이의 차는 27세이고, 8년 후에는 어머니의 나이가 딸의 나이의 2배보다 1세가 적다고 한다. 현재 어머니의 나이와 딸의 나이를 각각 구하여라.

———————

B 도형에 대한 문제

가로의 길이가 x cm, 세로의 길이가 y cm인 직사각형의 둘레의 길이
$\Rightarrow 2(x+y)$ cm
윗변의 길이가 x cm, 아랫변의 길이가 y cm이고 높이가 a cm인
사다리꼴의 넓이 $\Rightarrow \dfrac{1}{2} \times a \times (x+y)$ (cm²)

1. 가로의 길이가 세로의 길이보다 5cm 더 긴 직사각형의 둘레의 길이가 26cm일 때, □ 안에 알맞은 수를 써넣고, 이 직사각형의 가로의 길이와 세로의 길이를 각각 구하여라.

   가로의 길이를 x cm, 세로의 길이를 y cm라 하면
   $x=y+\boxed{}$, $2(x+y)=\boxed{}$

   _____

2. 가로의 길이가 세로의 길이보다 4cm 더 긴 직사각형의 둘레의 길이가 24cm일 때, 이 직사각형의 가로의 길이와 세로의 길이를 각각 구하여라.

   _____

3. 아랫변의 길이가 윗변의 길이보다 3cm 더 긴 사다리꼴이 있다. 이 사다리꼴의 높이가 6cm이고, 넓이가 33cm²일 때, □ 안에 알맞은 수를 써넣고, 아랫변의 길이를 구하여라.

   아랫변의 길이를 x cm, 윗변의 길이를 y cm라 하면
   $x=y+\boxed{}$, $\dfrac{1}{2} \times \boxed{} \times (x+y)=\boxed{}$

   _____

4. 아랫변의 길이가 윗변의 길이보다 6cm 더 긴 사다리꼴이 있다. 이 사다리꼴의 높이가 10cm이고, 넓이가 110cm²일 때, 윗변의 길이를 구하여라.

   _____

증가, 감소에 대한 문제는 올해 또는 이번 달의 수를 묻더라도 미지수 x, y는 작년 또는 지난 달의 수로 놓고 풀어야 해. 또, 1000명이 990명이 되었다면 10명이 감소된 것이므로 증가와 감소만을 식에 반영하여 식을 세워야 훨씬 간단하게 풀 수 있어. 잊지 말자. 꼬~옥!

앗실수

1. 어느 학교의 작년의 학생 수는 1000명이었는데 올해는 작년보다 남학생이 5% 줄고, 여학생이 6% 늘어서 994명이 되었다. □ 안에 알맞은 수를 써넣고, 올해의 여학생 수를 구하여라.

> 작년의 남학생 수를 x명, 여학생 수를 y명이라 하면 $x+y=\boxed{}$
>
> 올해의 학생 수가 작년보다 6명이 줄었으므로 증가와 감소된 양으로만 식을 세우면
>
> $-\dfrac{\boxed{}}{100}x+\dfrac{\boxed{}}{100}y=-6$

_____

2. 어느 학교의 작년의 학생 수는 600명이었는데 올해는 작년보다 남학생이 5% 늘고, 여학생이 10% 줄어서 582명이 되었다. 올해의 남학생 수를 구하여라.

_____

3. 어느 블로그의 지난 달의 회원 수는 300명이었는데 이번 달에는 지난 달보다 남자가 20% 늘고, 여자가 25% 늘어서 회원 수는 65명이 증가하였다. □ 안에 알맞은 수를 써넣고, 이번 달의 여자 회원 수를 구하여라.

> 지난 달의 남자 회원 수를 x명, 여자 회원 수를 y명이라 하면 $x+y=\boxed{}$
>
> 이번 달에 지난 달보다 65명이 증가하였으므로 증가와 감소된 양으로만 식을 세우면
>
> $\dfrac{\boxed{}}{100}x+\dfrac{\boxed{}}{100}y=65$

_____

4. 쌀과 보리를 합한 무게가 2000 g인데 쌀은 5%를 줄이고, 보리는 20%를 늘렸더니 쌀과 보리의 무게가 처음의 무게보다 40 g이 증가하였다. 처음에 있던 쌀과 보리의 무게를 각각 구하여라.

_____

A, B 제품의 원가가 각각 x원, y원일 때 A제품은 10%, B제품은 15%의 이익을 붙여서 판매하였더니 50000원의 이익이 생겼다면 이익에 대한 식은 $\frac{10}{100}x + \frac{15}{100}y = 50000$이 돼.

아하! 그렇구나~ 🐡

1. A, B 두 제품을 합하여 20000원에 사서 A제품은 원가의 25%, B제품은 원가의 50%의 이익을 붙여서 판매하였더니 8000원의 이익을 얻었다. □ 안에 알맞은 수를 써넣고, A제품의 원가를 구하여라.

A제품의 원가를 x원, B제품의 원가를 y원이라 하면 $x + y = $ ☐

A제품은 원가의 25%, B제품은 원가의 50%의 이익을 붙여서 8000원의 이익을 얻었으므로

$\frac{\square}{100}x + \frac{\square}{100}y = 8000$

———————

2. A, B 두 제품을 합하여 50000원에 사서 A제품은 원가의 20%, B제품은 원가의 30%의 이익을 붙여서 판매하였더니 12000원의 이익을 얻었다. B제품의 원가를 구하여라.

———————

3. 가게에서 원가가 1000원인 A제품과 원가가 800원인 B제품을 합하여 100개를 구입하였다. A제품은 원가의 30%, B제품은 원가의 25%의 이익을 붙여서 판매하면 26000원의 이익이 발생한다고 할 때, □ 안에 알맞은 수를 써넣고, A, B제품의 개수를 각각 구하여라.

A제품의 개수를 x개, B제품의 개수를 y개라 하면 $x + y = $ ☐

A제품은 원가의 30%, B제품은 원가의 25%의 이익을 붙여서 26000원의 이익을 얻었으므로

$\frac{\square}{100} \times 1000 \times x + \frac{\square}{100} \times 800 \times y = 26000$

———————

4. 마트에서 원가가 1500원인 A제품과 원가가 2000원인 B제품을 합하여 300개를 구입하였다. A제품은 원가의 20%, B제품은 원가의 10%의 이익을 붙여서 판매하면 80000원의 이익이 발생한다고 할 때, A, B제품의 개수를 각각 구하여라.

———————

일에 대한 문제에서 A, B 두 사람이 같이 하면 20일 걸리는 일이 있을 때, A, B가 1일 동안 할 수 있는 일의 양을 각각 x, y라 하고, 전체 일의 양을 1이라 하면 $20x+20y=1$로 식을 세우면 돼.

아하! 그렇구나~

앗실수

1. 규호와 기태가 함께 8일 동안 작업하여 마칠 수 있는 일을 규호가 4일 동안 작업한 후 나머지를 기태가 10일 동안 작업하여 모두 마쳤다. □ 안에 알맞은 수를 써넣고, 이 일을 기태가 혼자서 하면 며칠이 걸리는지 구하여라.

> 전체 일의 양을 1로 놓고 규호와 기태가 1일 동안 할 수 있는 일의 양을 각각 x, y라 하면
>
> 함께 8일 동안 작업했으므로 $\boxed{}x+\boxed{}y=1$
>
> 규호가 4일 동안 작업하고 기태가 10일 동안 작업했으므로 $\boxed{}x+\boxed{}y=1$

———————

2. 주엽이와 승원이가 함께 6일 동안 작업하여 마칠 수 있는 일을 주엽이가 2일 동안 작업한 후 나머지를 승원이가 12일 동안 작업하여 모두 마쳤다. 이 일을 주엽이가 혼자서 하면 며칠이 걸리는지 구하여라.

———————

3. 물탱크에 물을 채우는데 A호스로 3시간 넣고 B호스로 2시간 넣었더니 물탱크가 가득 찼다. 또, 같은 물탱크에 A호스로 6시간 넣고 B호스로 1시간 넣었더니 물탱크가 가득 찰 때, □ 안에 알맞은 수를 써넣고, A호스로만 물탱크를 가득 채우는 데는 몇 시간이 걸리는지 구하여라.

> 물탱크에 물을 가득 채웠을 때의 물의 양을 1로 놓고 A호스, B호스로 1시간 동안 물을 채우는 양을 각각 x, y라 하면
>
> A호스로 3시간 넣고 B호스로 2시간 넣었으므로
> $\boxed{}x+\boxed{}y=1$
>
> A호스로 6시간 넣고 B호스로 1시간 넣었으므로
> $\boxed{}x+\boxed{}y=1$

———————

4. 물탱크에 물을 채우는데 A호스로 3시간 넣고 B호스로 8시간 넣었더니 물탱크가 가득 찼다. 또, 같은 물탱크에 A호스로 6시간 넣고 B호스로 4시간 넣었더니 물탱크가 가득 찰 때, B호스로만 물탱크를 가득 채우는 데는 몇 시간이 걸리는지 구하여라.

———————

[1~6] 연립방정식의 활용

적중률 80%

1. 현재 어머니의 나이와 딸의 나이의 차는 35세이고, 5년 후에는 어머니의 나이가 딸의 나이의 2배보다 7세가 많다고 한다. 현재 어머니의 나이와 딸의 나이를 각각 구하여라.

2. 둘레의 길이가 36 cm인 직사각형이 있다. 이 직사각형의 가로의 길이는 세로의 길이의 3배보다 2 cm가 길다고 할 때, 이 직사각형의 넓이는?

① 25 cm² ② 32 cm² ③ 36 cm²

④ 42 cm² ⑤ 56 cm²

3. 학생 수가 50명인 어느 반에서 남학생의 $\frac{2}{3}$와 여학생의 $\frac{3}{5}$인 32명이 독서 퀴즈 대회에 참여하였다고 한다. 이 반의 남학생 수를 구하여라.

적중률 90%

4. 어느 학교의 작년의 학생 수는 800명이었는데 올해는 작년보다 남학생이 10 % 늘고, 여학생이 6 % 줄어서 전체 학생 수가 8명이 늘었다. 올해의 여학생 수는?

① 392명 ② 423명 ③ 450명

④ 495명 ⑤ 502명

5. 어느 악세사리 가게에서 머리띠와 머리핀을 합하여 30000원에 사서 머리띠는 원가의 25 %, 머리핀은 원가의 30 %의 이익을 붙여서 판매하였더니 8100원의 이익을 얻었다. 머리띠의 원가를 구하여라.

적중률 80%

6. 채은이와 다희가 함께 4일 동안 작업하여 마칠 수 있는 일을 채은이가 3일 동안 작업한 후 나머지를 다희가 6일 동안 작업하여 모두 마쳤다. 이 일을 다희가 혼자서 하면 며칠이 걸리는지 구하여라.

08 연립방정식의 활용 3

개념 강의 보기

● 거리, 속력, 시간에 대한 문제

$$(거리)=(속력)\times(시간)$$

$$(속력)=\dfrac{(거리)}{(시간)}$$

$$(시간)=\dfrac{(거리)}{(속력)}$$

'어느 산을 등산하는데 올라갈 때는 시속 $2\,km$로 걷고, 내려올 때는 다른 등산로로 시속 $4\,km$로 걸었더니 모두 4시간이 걸렸다. 총 거리가 $10\,km$일 때, 내려온 거리를 구하여라.'를 풀어 보자.

① 미지수 정하기	올라갈 때의 거리를 $x\,km$, 내려올 때의 거리를 $y\,km$라고 하자.
② 문제에서 방정식을 만들 수 있는 내용 정리하기	• 등산을 한 총 거리는 $10\,km$이다. • (올라갈 때 걸린 시간)+(내려올 때 걸린 시간)$=4$
③ 연립방정식 세우기	$\begin{cases} x+y=10 \\ \dfrac{x}{2}+\dfrac{y}{4}=4 \end{cases}$

바빠 꿀팁!

• 왕복하는 문제는 다음을 이용하여 식을 세워.
  ① (가는 거리)+(오는 거리) $=$(전체 거리)
  ② (갈 때 걸린 시간)+(올 때 걸린 시간)$=$(전체 걸린 시간)
• 농도에 대한 문제
  농도가 다른 두 소금물을 섞는 문제는 다음을 이용하여 식을 세워.
  ① (섞기 전 두 소금물의 양의 합) $=$(섞은 후 소금물의 양)
  ② (섞기 전 두 소금물의 소금의 양의 합)$=$(섞은 후 소금물의 소금의 양)

● 농도에 대한 문제

$$(소금물의 농도)=\dfrac{(소금의 양)}{(소금물의 양)}\times100(\%)$$

$$(소금의 양)=\dfrac{(소금물의 농도)}{100}\times(소금물의 양)$$

'9%의 소금물과 4%의 소금물을 섞어서 6%의 소금물 $500\,g$을 만들었다. 9%의 소금물은 몇 g을 섞어야 하는지 구하여라.'를 풀어 보자.

① 미지수 정하기	9%의 소금물의 양을 $x\,g$, 4%의 소금물의 양을 $y\,g$이라 하자.
② 문제에서 방정식을 만들 수 있는 내용 정리하기	• 두 소금물을 합하여 $500\,g$이다. • 두 소금물의 소금을 합하면 6%의 소금물 $500\,g$에 들어 있는 소금의 양과 같다.
③ 연립방정식 세우기	$\begin{cases} x+y=500 \\ \dfrac{9}{100}x+\dfrac{4}{100}y=\dfrac{6}{100}\times500 \end{cases}$

 앗! 실수

거리, 속력, 시간에 대한 활용 문제를 풀 때, 각각의 단위가 다를 경우에는 방정식을 세우기 전에 단위를 통일해야 해.
  • $1\,km=1000\,m$ • 1시간$=60$분, 1분$=\dfrac{1}{60}$시간

$$x+y=(\text{A, C 사이의 거리})$$

$$\frac{x}{2}+\frac{y}{4}=(\text{A에서 C까지 가는 데 걸린 시간})$$

1. 재원이네 집에서 할머니 댁까지의 거리는 6 km이다. 재원이가 집에서 할머니 댁까지 가는 데 시속 6 km로 달리다가 시속 2 km로 걸어서 모두 2시간이 걸렸다. ☐ 안에 알맞은 수를 써넣고, 달린 거리를 구하여라.

> 재원이가 달린 거리를 x km, 걸은 거리를 y km라 하면 $x+y=\boxed{}$
>
> 시속 6 km로 달린 시간은 $\dfrac{\boxed{}}{6}$ 시간,
>
> 시속 2 km로 걸은 시간은 $\dfrac{\boxed{}}{2}$ 시간이므로
>
> $\dfrac{\boxed{}}{6}+\dfrac{\boxed{}}{2}=2$

_____

2. 정현이네 집에서 도서관까지의 거리는 8 km이다. 정현이가 집에서 도서관까지 가는데 자전거를 타고 시속 20 km로 가다가 자전거가 고장 나서 시속 4 km로 걸어서 모두 1시간이 걸렸다. 자전거를 타고 간 거리를 구하여라.

_____

3. 어느 산을 등산하는데 올라갈 때는 시속 2 km로 걷고, 내려올 때는 다른 등산로로 시속 3 km로 걸었더니 모두 2시간이 걸렸다. 총 거리가 5 km일 때, ☐ 안에 알맞은 수를 써넣고, 내려온 거리를 구하여라.

> 올라갈 때 걸은 거리를 x km, 내려올 때 걸은 거리를 y km라 하면 $x+y=\boxed{}$
>
> 올라갈 때 시속 2 km로 걸은 시간은 $\dfrac{\boxed{}}{2}$ 시간,
>
> 내려올 때 시속 3 km로 걸은 시간은 $\dfrac{\boxed{}}{3}$ 시간이므로
>
> $\dfrac{\boxed{}}{2}+\dfrac{\boxed{}}{3}=2$

_____

4. 어느 산을 등산하는데 올라갈 때는 시속 3 km로 걷고, 내려올 때는 다른 등산로로 시속 4 km로 걸었더니 모두 3시간이 걸렸다. 총 거리가 10 km일 때, 올라간 거리를 구하여라.

_____

1. $8\,\text{km}$ 떨어진 두 지점에서 용환이와 경석이가 동시에 마주 보고 출발하여 도중에 만났다. 용환이는 시속 $5\,\text{km}$, 경석이는 시속 $3\,\text{km}$로 걸었다고 할 때, □ 안에 알맞은 수를 써넣고, 용환이가 걸은 거리를 구하여라.

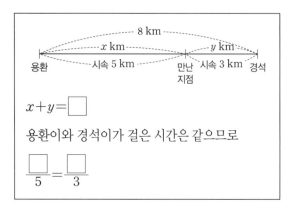

$x+y=\boxed{}$

용환이와 경석이가 걸은 시간은 같으므로

$\dfrac{\boxed{}}{5}=\dfrac{\boxed{}}{3}$

_____

2. $9\,\text{km}$ 떨어진 두 지점에서 지윤이와 기태가 동시에 마주 보고 출발하여 도중에 만났다. 지윤이는 시속 $2\,\text{km}$, 기태는 시속 $4\,\text{km}$로 걸었다고 할 때, 지윤이가 걸은 거리를 구하여라.

_____

3. 형과 동생이 집에서 출발하여 학교에 가려고 한다. 형이 학교를 향해 분속 $60\,\text{m}$로 걸어간 지 35분 후에 동생이 자전거를 타고 분속 $200\,\text{m}$로 학교를 향해 출발하여 학교 정문에서 두 사람이 만났다. □ 안에 알맞은 수를 써넣고, 형이 학교까지 가는 데 걸린 시간을 구하여라.

형이 걸린 시간을 x분, 동생이 걸린 시간을 y분이라 하면 $x=y+\boxed{}$

(형이 간 거리)=(동생이 간 거리)이므로

(형의 속력)×(형이 걸린 시간)
　=(동생의 속력)×(동생이 걸린 시간)

$\boxed{}\,x=\boxed{}\,y$

_____

4. 민영이가 공원을 향해 분속 $60\,\text{m}$로 걸어간 지 48분 후에 같은 출발점에서 진용이가 자전거를 타고 분속 $220\,\text{m}$로 공원을 향해 출발하여 공원 정문에서 두 사람이 만났다. 진용이가 공원까지 가는 데 걸린 시간을 구하여라.

_____

A, B 두 사람이 트랙의 같은 지점에서 동시에 출발할 때
① 같은 방향으로 돌다 처음으로 만나는 경우
  ⇨ (A, B가 이동한 거리의 차)=(트랙의 길이)
② 반대 방향으로 돌다 처음으로 만나는 경우
  ⇨ (A, B가 이동한 거리의 합)=(트랙의 길이)

1. 둘레의 길이가 1200 m인 호수를 형과 동생이 같은 지점에서 동시에 출발하여 같은 방향으로 돌면 24분 후에 처음으로 만나고, 반대 방향으로 돌면 8분 후에 처음으로 만난다고 한다. 형이 동생보다 빠르게 걷는다고 할 때, □ 안에 알맞은 수를 써넣고, 형과 동생의 속력을 각각 구하여라.

> 형의 속력을 분속 x m, 동생의 속력을 분속 y m라 하자. 같은 방향으로 돌다 만나면
>
> (형이 걸은 거리)−(동생이 걸은 거리)=1200 m
>
> $\boxed{}x - \boxed{}y = 1200$
>
> 반대 방향으로 돌다 만나면
>
> (형이 걸은 거리)+(동생이 걸은 거리)=1200 m
>
> $\boxed{}x + \boxed{}y = 1200$

_____

2. 둘레의 길이가 1000 m인 트랙을 희정이와 지현이가 같은 지점에서 동시에 출발하여 같은 방향으로 돌면 10분 후에 처음으로 만나고, 반대 방향으로 돌면 5분 후에 처음으로 만난다고 한다. 희정이가 지현이보다 빠르게 걷는다고 할 때, 희정이와 지현이의 속력을 각각 구하여라.

_____

3. 둘레의 길이가 1800 m인 공원을 승준이는 분속 60 m로 걷고, 정아는 자전거를 타고 분속 240 m로 돌고 있다. 같은 지점에서 승준이가 출발하고 10분 후에 정아가 출발하여 반대 방향으로 돈다고 할 때, □ 안에 알맞은 수를 써넣고 승준이가 출발한 지 몇 분 후에 처음으로 정아를 만나게 되는지 구하여라.

> 승준이가 걸린 시간을 x분, 정아가 걸린 시간을 y분이라 하면
>
> (승준이가 걸린 시간)
>
> =(정아가 걸린 시간)+$\boxed{}$분
>
> $x = y + \boxed{}$
>
> 반대 방향으로 돌다 만나면
>
> (승준이가 간 거리)+(정아가 간 거리)=1800 m
>
> $\boxed{}x + \boxed{}y = 1800$

_____

4. 둘레의 길이가 1900 m인 공원을 기현이는 분속 80 m로 걷고, 예림이는 자전거를 타고 분속 220 m로 돌고 있다. 같은 지점에서 기현이가 출발하고 5분 후에 예림이가 출발하여 반대 방향으로 돌면 기현이가 출발한 지 몇 분 후에 처음으로 만나게 되는지 구하여라.

_____

농도가 다른 두 소금물 A, B를 섞어서 소금물 C를 만들 때, 전체 소금물의 양과 소금의 양은 변하지 않음을 이용하여 식을 세우면 돼.

$\begin{cases} (\text{소금물 A, B의 양의 합})=(\text{소금물 C의 양}) \\ (\text{A의 소금의 양})+(\text{B의 소금의 양})=(\text{C의 소금의 양}) \end{cases}$

이 정도는 암기해야 해 암암! 🐞

---

1. 10%의 소금물과 5%의 소금물을 섞어서 6%의 소금물 400g을 만들었다. ☐ 안에 알맞은 수를 써넣고, 10%의 소금물은 몇 g을 섞어야 하는지 구하여라.

> 10%의 소금물의 양을 xg, 5%의 소금물의 양을 yg이라 하면
>
> $\begin{cases} x+y=\boxed{} \\ \dfrac{\boxed{}}{100}\times x+\dfrac{\boxed{}}{100}\times y=\dfrac{6}{100}\times 400 \end{cases}$

———————

2. 15%의 소금물과 9%의 소금물을 섞어서 12%의 소금물 600g을 만들었다. 9%의 소금물은 몇 g을 섞어야 하는지 구하여라.

———————

3. 12%의 설탕물과 4%의 설탕물 600g을 섞어서 6%의 설탕물을 만들었다. ☐ 안에 알맞은 수를 써넣고, 12%의 설탕물의 양을 구하여라.

> 12%의 설탕물의 양을 xg, 6%의 설탕물의 양을 yg이라 하면
>
> $\begin{cases} y=x+\boxed{} \\ \dfrac{\boxed{}}{100}\times x+\dfrac{4}{100}\times\boxed{}=\dfrac{6}{100}\times y \end{cases}$

———————

4. 20%의 설탕물과 10%의 설탕물 500g을 섞어서 12%의 설탕물을 만들었다. 이때 20%의 설탕물의 양을 구하여라.

———————

소금물에 소금을 더 넣으면 소금의 양과 소금물의 양이 모두 변하는 것에 주의해서 식을 세워야 해.
소금물 A에 소금을 넣어서 소금물 C를 만들 때
{ (소금물 A의 양)＋(더 넣은 소금의 양)＝(소금물 C의 양)
{ (소금물 A의 소금의 양)＋(더 넣은 소금의 양)＝(소금물 C의 소금의 양)

1. 농도가 다른 두 소금물 A, B가 있다. 소금물 A를 200g, 소금물 B를 300g 섞으면 8%의 소금물이 되고 소금물 A를 300g, 소금물 B를 200g 섞으면 7%의 소금물이 된다. □ 안에 알맞은 수를 써넣고 소금물 A, B의 농도를 각각 구하여라.

> 소금물 A, B의 농도를 각각 $x\%, y\%$라 하면
>
> $$\begin{cases} \dfrac{x}{100} \times \boxed{} + \dfrac{y}{100} \times \boxed{} = \dfrac{8}{100} \times 500 \\ \dfrac{x}{100} \times \boxed{} + \dfrac{y}{100} \times \boxed{} = \dfrac{7}{100} \times 500 \end{cases}$$

─────────────

2. 농도가 다른 두 소금물 A, B가 있다. 소금물 A를 400g, 소금물 B를 200g 섞으면 12%의 소금물이 되고 소금물 A를 200g, 소금물 B를 400g 섞으면 15%의 소금물이 된다. 소금물 A, B의 농도를 각각 구하여라.

─────────────

앗실수

3. 20%의 소금물에 소금을 더 넣어서 25%의 소금물 400g을 만들었다. □ 안에 알맞은 수를 써넣고, 더 넣은 소금의 양을 구하여라.

> 20%의 소금물 xg에 소금 yg을 넣으면
>
> $$\begin{cases} x+y = \boxed{} \\ \dfrac{\boxed{}}{100} \times x + y = \dfrac{25}{100} \times 400 \end{cases}$$

─────────────

4. 10%의 설탕물에 설탕을 더 넣어서 16%의 설탕물 600g을 만들었다. 이때 더 넣은 설탕의 양을 구하여라.

─────────────

[1~6] 연립방정식의 활용

1. 시은이네 집에서 미술관까지의 거리는 8 km이다. 시은이가 집에서 미술관까지 가는데 시속 6 km로 달리다가 시속 2 km로 걸어서 모두 2시간이 걸렸다. 걸은 거리는?

① 1 km   ② 2 km   ③ 3 km

④ 4 km   ⑤ 5 km

적중률 90%

2. 어느 산을 등산하는데 올라갈 때는 시속 2 km로 걷고, 내려올 때는 다른 등산로로 시속 4 km로 걸었더니 모두 2시간이 걸렸다. 총 거리가 6 km일 때, 내려온 거리를 구하여라.

적중률 80%

3. 형과 동생이 집에서 출발하여 학교에 가려고 한다. 형이 학교를 향해 분속 50 m로 걸어간 지 40분 후에 동생이 자전거를 타고 분속 250 m로 학교를 향해 출발하여 학교 정문에서 두 사람이 만났다. 형이 학교까지 가는 데 걸린 시간을 구하여라.

앗실수

4. 둘레의 길이가 2 km인 호수를 혜민이와 형준이가 같은 지점에서 동시에 출발하여 같은 방향으로 돌면 40분 후에 처음으로 만나고, 반대 방향으로 돌면 20분 후에 처음으로 만난다고 한다. 혜민이가 형준이보다 빠르게 뛴다고 할 때, 혜민이와 형준이의 속력을 각각 구하여라.

적중률 70%

5. 12 %의 소금물과 7 %의 소금물을 섞어서 10 %의 소금물 800 g을 만들었다. 7 %의 소금물은 몇 g을 섞어야 하는가?

① 220 g   ② 280 g   ③ 320 g

④ 380 g   ⑤ 400 g

6. 농도가 다른 두 소금물 A, B가 있다. 소금물 A를 400 g, 소금물 B를 600 g 섞으면 9 %의 소금물이 되고 소금물 A를 600 g, 소금물 B를 400 g 섞으면 10 %의 소금물이 된다. 소금물 A, B의 농도를 각각 구하여라.

둘째 마당

함수

둘째 마당에서는 함수의 뜻과 일차함수에 대하여 배우게 돼. 일차함수는 기울기, x절편, y절편 등에 대해서 배우고 이것을 이용하여 일차함수의 그래프를 그리는 방법도 배울 거야. 또 그래프를 이용하여 여러 가지 문제를 푸는 방법을 배우는데, 처음엔 좀 어렵게 느껴지더라고 반복해서 연습하면 쉽게 풀 수 있어. 중등 과정에서 배우는 함수는 고등 과정 내내 배우는 함수의 기본이 돼. 처음 배울 때 개념을 잘 이해해야 나중에 어려운 함수 문제도 잘 해결할 수 있어.

공부할 내용!

스스로 계획을 세워 봐!

	14일 진도	20일 진도	
09. 함수의 뜻과 함숫값	6일차	8일차	_____월 _____일
10. 일차함수의 뜻	6일차	8일차	_____월 _____일
11. 일차함수의 그래프 위의 점	7일차	9일차	_____월 _____일
12. 일차함수의 그래프의 평행이동	7일차	10일차	_____월 _____일
13. 일차함수의 그래프의 x절편, y절편	8일차	11일차	_____월 _____일
14. 일차함수의 그래프의 기울기	8일차	12일차	_____월 _____일
15. 일차함수의 그래프 그리기	9일차	13일차	_____월 _____일
16. 일차함수 $y=ax+b$의 그래프	9일차	14일차	_____월 _____일
17. 일차함수의 식 구하기	10일차	15일차	_____월 _____일
18. 일차함수의 활용	11일차	16일차	_____월 _____일
19. 일차함수와 일차방정식	12일차	17일차	_____월 _____일
20. 좌표축에 평행한 직선의 방정식	12일차	18일차	_____월 _____일
21. 연립방정식의 해와 그래프	13일차	19일차	_____월 _____일
22. 직선의 방정식의 응용	14일차	20일차	_____월 _____일

함수의 뜻과 함숫값

개념 강의 보기

● **함수의 뜻**

① 변수 : x, y와 같이 여러 가지로 변하는 값을 나타내는 문자를 변수라 한다.

② 함수 : 두 변수 x, y에 대하여 x의 값이 하나 정해지면 그에 따라 y의 값이 오직 하나씩 대응하는 관계가 있을 때, y를 x의 함수라 한다.

길이가 $10\,\mathrm{m}$인 끈을 $x\,\mathrm{m}$ 잘라서 쓰고 남은 끈의 길이가 $y\,\mathrm{m}$

바빠 꿀팁!

⇨

x	1	2	3	4	…
y	9	8	7	6	…

x의 값 하나에
y의 값이 하나씩 대응

• 함수는 x의 값에 y의 값이 오직 하나씩 대응되어야 해. x와 짝을 이루는 수가 한 개뿐이라는 거지. 학교에서도 짝꿍은 한 명인 것처럼 x의 짝이 여러 개이면 함수가 아니야.

• 함수 $y=f(x)$에서 $f(a)$의 뜻
 ⇨ $x=a$에서의 함숫값
 ⇨ $x=a$에서의 y의 값
 ⇨ $f(x)$에 $x=a$를 대입하여 구한 y의 값

이 세 가지가 모두가 같은 표현이야.

$f(x)=3x$와 $y=3x$는 같아.

따라서 $f(2)=3\times2=6$이므로 $x=2$일 때 $y=6$인 거지.

● **함수의 표현**

y가 x의 함수인 것을 기호로 $y=f(x)$와 같이 나타낸다.

f는 함수를 뜻하는 영어 *function*의 첫 글자를 기호화한 것

함수 $y=2x$에서 $y=f(x)$이므로 $f(x)=2x$이다.

즉, $y=2x$와 $f(x)=2x$는 같은 함수를 나타내는 같은 뜻 다른 표현이다.

● **함숫값 구하기**

함수 $y=3x+2$에서 $f(x)=3x+2$이므로

$x=1$일 때, 함숫값은 $f(1)=3\times1+2=5$

$x=2$일 때, 함숫값은 $f(2)=3\times2+2=8$

$\vdots$

$x=a$일 때, 함숫값은 $f(a)=3\times a+2=3a+2$

따라서 $f(a)$는 함수 $f(x)$에 x대신 a를 대입하여 계산한 식의 값이 된다.

앗! 실수

자연수 x의 약수 y는 함수일까?
자연수 6의 약수는 1, 2, 3, 6이므로 자연수 6에 1, 2, 3, 6이 모두 대응되므로 함수가 아니야.
자연수 x의 약수의 개수 y는 함수일까?
자연수 6의 약수는 1, 2, 3, 6이므로 4개야. 따라서, $x=6$에 $y=4$가 대응되므로 함수이지.
위와 같은 비슷한 문제를 찾아보면
'자연수 x의 소인수의 개수 y ⇦ 함수, 자연수 x의 소인수 y ⇦ 함수가 아님'이 있어.

x의 값에 y의 값이 한 개씩 대응되면 함수이고, x의 값에 대응되는 y의 값이 없거나 2개 이상이면 함수가 아니야.

잊지 말자. 꼬~옥! 😊

■ 두 변수 x, y의 값이 다음과 같을 때, 주어진 표를 완성하고 y가 x의 함수이면 ○를, 함수가 아니면 ×표를 하여라.

1. 한 개에 500원하는 과자 x개의 값 y원

x	1	2	3	4	⋯
y	500			2000	⋯

_____

2. 넓이가 24cm²인 직사각형의 가로의 길이 $x$cm와 세로의 길이 $y$cm

x	1	2	3	4	⋯
y	24				⋯

_____

앗! 실수
3. 자연수 x의 약수 y

x	1	2	3	4	⋯
y	1			1, 2, 4	⋯

Help x의 값 하나에 y의 값이 여러 개가 대응되면 함수가 아니다.

4. 합이 20인 두 유리수 x와 y

x	1	2	3	4	⋯
y			17		⋯

_____

앗! 실수
5. 자연수 x보다 작은 소수 y

x	1	2	3	4	⋯
y	없다.			2, 3	⋯

_____

6. 길이가 25cm인 양초를 $x$cm 사용하고 남은 양초의 길이 $y$cm

x	1	2	3	4	⋯
y		23			⋯

_____

7. 정수 x의 절댓값 y

x	⋯	-2	-1	0	$+1$	$+2$	⋯
y	⋯						⋯

_____

8. 공책 48권을 x명이 똑같이 나누어 가질 때 한 사람이 가지는 공책 y권

x	1	2	3	4	⋯
y					⋯

_____

대응표가 없어도 x의 값 하나에 y의 값이 하나씩 대응되는지 알아낼 수 있어야 함수인지 함수가 아닌지 구별할 수 있어.

아하! 그렇구나~

■ 다음에서 y가 x의 함수인 것에는 ○를, 함수가 아닌 것에는 ×표를 하여라.

1. 한 변의 길이가 $x\,\text{cm}$인 정삼각형의 둘레의 길이 $y\,\text{cm}$

　

2. 자연수 x보다 작은 짝수 y

Help x보다 작은 짝수가 1개인지 생각해 보자.

3. 한 개에 $32\,\text{g}$인 물건 x개의 무게 $y\,\text{g}$

　

앗 실수

4. 자연수 x의 약수의 개수 y

　

5. 자연수 x와 서로소인 수 y

　

6. $30\,\text{L}$들이 물통에 매분 $x\,\text{L}$씩 물을 넣을 때, 물이 가득 찰 때까지 걸린 시간 y분

　

7. 반지름의 길이가 $x\,\text{cm}$인 원의 둘레의 길이 $y\,\text{cm}$

8. 시속 $x\,\text{km}$로 10시간 동안 간 거리 $y\,\text{km}$

Help (거리)＝(속력)×(시간)

9. 한 권에 500원인 공책 x권의 값 y원

10. 총 쪽수가 260쪽인 책을 x쪽 읽고 남은 쪽수 y쪽

11. 자연수 x의 배수 y

Help 자연수 x의 배수가 몇 개인지 생각해 보자.

12. 자연수 x와 8의 최대공약수 y

13. 나이가 x살인 사람의 몸무게 $y\,\text{kg}$

14. 물 $20\,\text{L}$를 x명이 똑같이 나누어 마실 때, 한 사람이 마시는 물의 양 $y\,\text{L}$

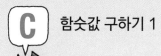

C 함숫값 구하기 1

$f(x)=2x$에서 $f(-2)$는 x 대신 -2를 대입하라는 뜻이야.
따라서 $2x=2\times(-2)=-4$이므로 $f(-2)=-4$가 되지.
아하! 그렇구나~

■ 함수 $f(x)$에 대하여 다음 함숫값을 구하여라.

1. $f(x)=3x$

   (1) $f(-1)$ _____

   Help $f(-1)=3\times\square$

   (2) $f(0)$ _____

   (3) $f\left(-\dfrac{1}{2}\right)$ _____

   (4) $f\left(\dfrac{4}{3}\right)$ _____

2. $f(x)=-2x-1$

   (1) $f(-2)$ _____

   (2) $f(0)$ _____

   (3) $f(3)$ _____

   (4) $f\left(\dfrac{1}{6}\right)$ _____

3. $f(x)=\dfrac{8}{x}$

   (1) $f(-1)$ _____

   (2) $f(1)$ _____

   (3) $f(2)$ _____

   (4) $f(8)$ _____

4. $f(x)=-\dfrac{4}{x}+1$

   (1) $f(-4)$ _____

   (2) $f(-2)$ _____

   (3) $f(2)$ _____

   (4) $f(4)$ _____

$f(x)=ax$에서 x에 어떤 값을 대입해도 $a \times x$로 구하면 되니 쉽지. 따라서, 여러 개의 함숫값을 구할 때는 당황하지 말고 각각 구하면 돼.

아하! 그렇구나~

■ 다음을 구하여라.

1. $f(x)=5x$에 대하여 $f(-1)+f(1)$의 값

    Help $f(-1)=5 \times \square$, $f(1)=5 \times \square$

2. $f(x)=-2x$에 대하여 $f(-2)+f(0)$의 값

3. $f(x)=x+8$에 대하여 $f(-1)+f(3)$의 값

4. $f(x)=-3x+2$에 대하여 $2f(-3)-f(3)$의 값

5. $f(x)=-\dfrac{1}{4}x+\dfrac{3}{2}$에 대하여 $4f(-1)-f(6)$의 값

6. $f(x)=\dfrac{2}{x}$에 대하여 $f(-1)+f(2)$의 값

    Help $f(-1)=\dfrac{2}{\square}$, $f(2)=\dfrac{2}{\square}$

7. $f(x)=-\dfrac{4}{x}$에 대하여 $f(-4)+f(1)$의 값

8. $f(x)=-\dfrac{3}{x}$에 대하여 $f(-2)+f(2)$의 값

9. $f(x)=\dfrac{8}{x}$에 대하여 $2f(-4)+f(8)$의 값

10. $f(x)=\dfrac{10}{x}$에 대하여 $f(-2)-3f(5)$의 값

적중률 100%

[1~3] 함수인 것 고르기

1. 다음 중 y가 x의 함수가 <u>아닌</u> 것은?
   ① 자연수 x를 8로 나눈 나머지 y
   ② 자연수 x보다 작은 자연수 y
   ③ 밑변의 길이가 3 cm, 높이가 x cm인 삼각형의 넓이 y cm²
   ④ 시속 x km로 4시간 동안 이동한 거리 y km
   ⑤ 한 권에 2000원인 공책 x권의 값 y원

앗!실수

2. 다음 중 y가 x의 함수가 <u>아닌</u> 것은?
   ① 한 개에 40 g인 물건 x개의 무게 y g
   ② 한 변의 길이가 x cm인 정사각형의 둘레의 길이 y cm
   ③ 자연수 x와 6의 최소공배수 y
   ④ 자연수 x의 약수 y
   ⑤ 20 L들이 물통에 매분 x L씩 물을 넣을 때, 물이 가득 찰 때까지 걸린 시간 y분

3. 다음 보기 중 y가 x의 함수인 것은 모두 몇 개인지 구하여라.

   ┌─ 보 기 ┐
   ㄱ. 자연수 x와 서로소인 수 y
   ㄴ. 길이가 30 cm인 양초를 x cm 태우고 남은 양초의 길이 y cm
   ㄷ. 12개의 사탕을 x명에게 똑같이 나누어 줄 때, 한 사람이 가지는 사탕의 개수 y개
   ㄹ. 절댓값이 x인 수 y
   ㅁ. 자연수 x의 소인수 y

적중률 90%

[4~6] 함숫값 구하기

4. 함수 $f(x)=-2x+6$에 대하여 다음 중 함숫값이 옳지 <u>않은</u> 것은?
   ① $f(-3)=12$　　② $f(-1)=8$
   ③ $f(0)=6$　　④ $f(3)=0$
   ⑤ $f(5)=-2$

5. 다음 보기의 함수 중 $f(2)=5$인 것은 몇 개인지 구하여라.

   ┌─ 보 기 ┐
   ㄱ. $f(x)=3x$　　ㄴ. $f(x)=-x+7$
   ㄷ. $f(x)=\dfrac{10}{x}$　　ㄹ. $f(x)=4x-3$
   ㅁ. $f(x)=\dfrac{5}{4}x+\dfrac{5}{2}$　　ㅂ. $f(x)=-\dfrac{2}{x}$

앗!실수

6. 함수 $f(x)=$(자연수 x의 약수의 개수)에 대하여 $f(9)+f(12)$의 값은?
   ① 6　　　② 7　　　③ 8
   ④ 9　　　⑤ 10

⑩ 일차함수의 뜻

개념 강의 보기

● **일차함수의 뜻**

함수 $y=f(x)$에서 y가 x의 일차식으로 나타내어질 때, 즉

$y=ax+b\,(a, b는\ 상수,\ a\neq0)$

일 때, 이 함수를 x에 대한 일차함수라 한다.

$y=-2x+1$ ← 일차함수이다.

$y=\dfrac{x}{3}$ ← 상수항이 없어도 일차함수이다.

$y=5x^2-2$ ← x가 이차이므로 일차함수가 아니다.

$y=\dfrac{4}{x}+1$ ← 분모에 x가 있으므로 일차함수가 아니다.

$y=3$ ← x항이 없으므로 일차함수가 아니다.

바빠 **꿀팁!**

• 일차함수를 찾을 때는 y항을 좌변으로, 나머지 항은 우변으로 이항한 후에 y의 계수를 1로 만들고 $y=ax+b(a\neq0)$꼴을 찾으면 돼.

● **일차함수가 될 조건**

$y=ax+b(a, b는\ 상수)$가 x에 대한 일차함수이려면

⇨ $a\neq0$

$y=ax^2+bx+c(a, b, c는\ 상수)$가 x에 대한 일차함수이려면

⇨ $a=0, b\neq0$

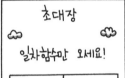

초대장

일차함수만 오세요!

입장	입장 불가
$y=x$	$y=3$
$y=3x$	$y=x^2$
⋮	⋮

x가 없어!

넌 이차함쉬!

● **일차함수의 함숫값**

함수 $y=f(x)$에 대하여 $x=a$에서의 y의 값을 함숫값이라 하고, $f(a)$로 나타낸다.

일차함수 $f(x)=2x+3$에 대하여

$x=2$일 때의 함숫값은 x 대신 2를 대입한다.

⇨ $f(2)=2\times2+3=7$

$x=-2$일 때의 함숫값은 x 대신 -2를 대입한다.

⇨ $f(-2)=2\times(-2)+3=-1$

앗! 실수

이제까지 배운 '일차 ~'를 정리해 보자.
- x에 대한 일차식 : $ax+b$
- x에 대한 일차방정식 : $ax+b=0$
- x에 대한 일차부등식 : $ax+b>0$
- x에 대한 일차함수 : $y=ax+b$

⇨ 모두 $a\neq0$이고 x의 차수가 1이야.

$y=\dfrac{3}{x}$, $y=x^2+1$, $y=5$ 등은 $y=(x$에 대한 일차식) 꼴이 아니므로 일차함수가 아니야.

아하! 그렇구나~

■ 다음 중 일차함수인 것은 ○를, 일차함수가 <u>아닌</u> 것은 ×를 하여라.

1. $y=2$

_____

2. $2x+y=x+1$

_____

3. $x^2-y=3x+x^2+1$

_____

Help 좌변의 x^2을 우변으로 이항한다.

4. $y=\dfrac{x}{2}$

_____

5. $y=3x-3(x-5)$

_____

6. $y=-\dfrac{8}{x}$

_____

7. $\dfrac{x}{4}-\dfrac{y}{5}=1$

_____

Help 양변에 20을 곱하여 정리한다.

8. $y=-0.05x+\dfrac{1}{4}$

_____

앗! 실수

9. $y^2+x=y^2+6$

_____

10. $xy=10$

_____

Help $xy=10$이면 $x\neq0$이므로 $y=\dfrac{10}{x}$

■ 다음에서 y를 x의 식으로 나타내고, y가 x에 대한 일차함수인 것은 ○를, 일차함수가 <u>아닌</u> 것은 ×를 ( ) 안에 써넣어라.

1. 800원짜리 물건을 x개 사고 5000원을 냈을 때, 받는 거스름돈은 y원이다.

   식 _____ (   )

2. 한 변의 길이가 $x$cm인 정삼각형의 둘레의 길이는 $y$cm이다.

   식 _____ (   )

3. 시속 80km로 x시간 동안 달린 거리는 $y$km이다.

   식 _____ (   )

4. 음료수 1000mL를 x잔으로 똑같이 나눌 때, 한 잔의 양은 ymL이다.

   식 _____ (   )

5. 넓이가 20cm²이고 밑변의 길이가 $x$cm인 삼각형의 높이는 $y$cm이다.

   식 _____ (   )

   Help 먼저 넓이를 2배 한 후 밑변의 길이로 나눈다.

6. 하루 중 낮의 길이가 x시간일 때, 밤의 길이는 y시간이다.

   식 _____ (   )

   Help 하루는 24시간이어서 밤의 길이는 24시간에서 낮의 길이를 빼면 된다.

7. 시속 $x$km로 y시간 동안 달린 거리는 12km이다.

   식 _____ (   )

   Help (시간)=$\dfrac{(거리)}{(속력)}$

8. 한 변의 길이가 $x$cm인 정사각형의 넓이는 $y$cm²이다.

   식 _____ (   )

C 일차함수가 될 조건

상수 a, b에 대하여 함수 $y=ax+b$가 x에 대한 일차함수이려면 $a\neq0$이야. b는 0이어도 되고 0이 아니어도 상관없는 거지.

아하! 그렇구나~

■ 다음 함수가 x에 대한 일차함수가 되도록 하는 상수 a의 조건을 구하여라.

1. $y=ax$

_____

앗! 실수

2. $y+x=ax-3$

_____

Help $y+x=ax-3$의 좌변의 x를 우변으로 이항하면 $y=(a-1)x-3$이 되는데, 이때 x의 계수가 0이 아니어야 한다.

3. $y-2x=ax+4$

_____

4. $y+3x^2=ax^2+x-1$

_____

Help $y=(a-3)x^2+x-1$의 x^2의 계수가 0이어야 한다.

5. $y=ax+5(4-x)$

_____

■ 다음 함수가 x에 대한 일차함수가 되도록 하는 상수 a, b의 조건을 구하여라.

6. $y=ax^2+bx-1$

_____

Help x^2항은 없어져야 하고 x항은 없어지면 안 된다.

앗! 실수

7. $y-6x^2=ax^2-bx$

_____

Help $y=(a+6)x^2-bx$의 x^2항은 없어져야 하고 x항은 없어지면 안 된다.

8. $y-8x=ax^2+bx-1$

_____

Help $y=ax^2+(b+8)x-1$

앗! 실수

9. $y=5x(ax+3)+bx+9$

_____

10. $y=ax+7-x(bx+2)$

_____

D 일차함수의 함숫값 1

일차함수 $f(x)=2x-5$에서 $f(2)$의 값은 x 대신 2를 넣어 계산한 값이므로
$$f(2)=2\times2-5=-1$$
아하! 그렇구나~

■ 일차함수 $f(x)$에 대하여 다음을 구하여라.

1. $f(x)=3x+1$에 대하여 $f(3)$

　　　　　　　　　　＿＿＿＿＿＿

　　[Help] $f(3)=3\times3+1$

2. $f(x)=-6x+8$에 대하여 $f(2)$

　　　　　　　　　　＿＿＿＿＿＿

3. $f(x)=-\dfrac{2}{5}x+1$에 대하여 $f(15)$

　　　　　　　　　　＿＿＿＿＿＿

4. $f(x)=\dfrac{2}{3}x+5$에 대하여 $-2f(-6)$

　　　　　　　　　　＿＿＿＿＿＿

5. $f(x)=-2x+\dfrac{3}{7}$에 대하여 $7f(1)$

　　　　　　　　　　＿＿＿＿＿＿

6. $f(x)=-4x+3$에 대하여 $2f(3)+3f(-1)$

　　　　　　　　　　＿＿＿＿＿＿

7. $f(x)=5x-2$에 대하여 $5f(1)-3f(2)$

　　　　　　　　　　＿＿＿＿＿＿

8. $f(x)=\dfrac{3}{2}x+1$에 대하여 $3f(2)-2f(6)$

　　　　　　　　　　＿＿＿＿＿＿

앗실수
9. $f(x)=\dfrac{8}{5}x-4$에 대하여 $-2f(10)+5f(5)$

　　　　　　　　　　＿＿＿＿＿＿

10. $f(x)=-4x+\dfrac{2}{9}$에 대하여 $9f\left(\dfrac{1}{2}\right)-9f(1)$

　　　　　　　　　　＿＿＿＿＿＿

두 함수 $f(x)=ax+4$, $g(x)=-x+b$(단, a, b는 상수)에 대하여
$f(-2)=6$, $g(3)=-5$일 때,
$f(-2)=6$에서 $a\times(-2)+4=6$이므로 $a=-1$
$g(3)=-5$에서 $-3+b=-5$이므로 $b=-2$

■ 일차함수 $f(x)$에서 상수 a의 값을 구하여라.

1. $f(x)=-x+a$에 대하여 $f(2)=5$

_____

Help $f(2)=5$이므로 $-2+a=5$

2. $f(x)=-\dfrac{2}{3}x+a$에 대하여 $f(6)=5$

_____

3. $f(x)=ax+5$에 대하여 $f(4)=-3$

_____

4. $f(x)=6x-1$에 대하여 $f(a)=17$

_____

5. $f(x)=-\dfrac{5}{4}x+2$에 대하여 $f(a)=-8$

_____

■ 일차함수 $f(x)$, $g(x)$에서 상수 a, b의 값을 각각 구하여라.

6. $f(x)=ax-8$, $g(x)=-3x+b$에 대하여
$f(-3)=7$, $g(2)=-4$

_____

Help $f(-3)=7$이므로 $-3a-8=7$
$g(2)=-4$이므로 $-3\times2+b=-4$

7. $f(x)=ax+10$, $g(x)=5x+b$에 대하여
$f(4)=-2$, $g(2)=11$

_____

8. $f(x)=3x+b$, $g(x)=ax-4$에 대하여
$f(5)=7$, $g(-5)=6$

_____

9. $f(x)=6x-9$, $g(x)=x+6$에 대하여
$f(a)=9$, $g(b)=1$

_____

앗! 실수

10. $f(x)=\dfrac{1}{2}x+\dfrac{3}{4}$, $g(x)=\dfrac{6}{5}x+1$에 대하여
$f(a)=1$, $g(b)=\dfrac{3}{5}$

_____

적중률 80%

[1~2] 일차함수의 뜻

1. 다음 중 일차함수인 것을 모두 고르면? (정답 2개)

① $xy=-8$　　　　② $y=\dfrac{2x-1}{3}$

③ $y=x(-3+x)$　④ $y=\dfrac{3}{x}$

⑤ $y=4x(x-3)-4x^2$

2. 다음 보기에서 일차함수인 것은 모두 몇 개인가?

┌── 보 기 ├────────────────┐
ㄱ. $x=10$　　　　ㄴ. $\dfrac{1}{x}+\dfrac{5}{y}=8$

ㄷ. $y=x$　　　　ㄹ. $3x+1=8$

ㅁ. $\dfrac{x}{4}+\dfrac{y}{3}=1$　ㅂ. $y=3$
└────────────────────────┘

① 1개　　　② 2개　　　③ 3개

④ 4개　　　⑤ 5개

적중률 90%

[3~6] 일차함수의 함숫값

3. 일차함수 $f(x)=\dfrac{3}{2}x+1$에 대하여 $3f(2)-2f(6)$

의 값을 구하여라.

4. 일차함수 $f(x)=-\dfrac{3}{8}x+1$에 대하여 $f\left(\dfrac{a}{3}\right)=2$일

때, a의 값은?

① -8　　　② -5　　　③ -2

④ 1　　　⑤ 4

5. 일차함수 $f(x)=\dfrac{4}{5}x+a$에 대하여 $f(10)=3$,

$f(b)=-9$일 때, $a-b$의 값은? (단, a는 상수)

① 0　　　② -2　　　③ -5

④ -7　　　⑤ -10

6. 두 일차함수 $f(x)=ax-2$, $g(x)=6x+b$에 대하

여 $f(3)=-8$, $g(-2)=-10$일 때, $f(1)+g(2)$

의 값은? (단, a, b는 상수)

① -6　　　② -3　　　③ 1

④ 4　　　⑤ 10

11 일차함수의 그래프 위의 점

개념 강의 보기

● **일차함수의 그래프 위의 점**

주어진 점이 일차함수의 그래프 위의 점인지 알아보려면 x의 값을 일차함수에 대입하여 나온 y의 값과 주어진 점의 y의 값이 같으면 된다.

점 $(2,\ 5)$가 일차함수 $y=3x-2$의 그래프 위의 점인지 알기 위해서 $x=2$를 $y=3x-2$에 대입하면 $y=3\times2-2=4$

이 값은 주어진 점의 y의 값인 5와 같지 않으므로 점 $(2,\ 5)$는 $y=3x-2$의 그래프위의 점이 아니다.

1학년에 배웠던 순서쌍에 대해 다시 알아보자.

$$x좌표\underbrace{(2,\ 5)}_{}y좌표$$

따라서 이 점이 일차함수의 그래프 위의 점인지 알아보려면 일차함수 식에 $x=2,\ y=5$를 대입하면 돼.

● **일차함수의 그래프 위의 점의 미지수 구하기**

일차함수 $y=-2x+5$의 그래프가 점 $(k,\ 3)$을 지날 때, k의 값을 구해 보자.

$x=k,\ y=3$을 $y=-2x+5$에 대입하면

$3=-2k+5,\ 2k=2$ ∴ $k=1$

● **미지수가 있는 일차함수의 그래프 위의 점**

① 일차함수 $y=ax-4$의 그래프가 두 점 $(3,\ 8)$, $(p,\ -2p)$를 지날 때, $a,\ p$의 값을 구해 보자. (단, a는 상수)

$x=3,\ y=8$을 $y=ax-4$에 대입하면 $3a-4=8$ ∴ $a=4$

따라서 $x=p,\ y=-2p$를 $y=4x-4$에 대입하면

$-2p=4p-4$ ∴ $p=\dfrac{2}{3}$

② 두 일차함수 $y=ax+1$, $y=-4x+3$의 그래프가 모두 점 $(2,\ p)$를 지날 때, $a,\ p$의 값을 구해 보자. (단, a는 상수)

$x=2,\ y=p$를 $y=-4x+3$에 대입하면

$p=-4\times2+3$ ∴ $p=-5$

따라서 점 $(2,\ -5)$를 $y=ax+1$에 대입하면

$-5=2a+1$ ∴ $a=-3$

앗! 실수

일차함수 $y=-4x+1$의 그래프가 두 점 $(p,\ q)$, $(2p,\ -q)$를 지날 때, $p,\ q$의 값을 구하는 문제에서 두 점 $(p,\ q)$, $(2p,\ -q)$를 일차함수에 대입하면 $q=-4p+1$, $-q=-8p+1$이 되어 복잡한 식처럼 보이지? 하지만 두 개의 문자가 있고 두 개의 식이 있으니 연립방정식의 풀이 방법으로 풀면 돼.

점 $(3, -1)$이 일차함수 $y=2x-7$의 그래프 위의 점인지 알기 위해서 $x=3$을 $y=2x-7$에 대입하면 $y=2\times3-7=-1$이 돼. 이 값은 주어진 점의 y좌표와 같으므로 점 $(3, -1)$은 일차함수 $y=2x-7$의 그래프 위의 점인 거지. 아하! 그렇구나~

■ 다음 중 일차함수 $y=\dfrac{1}{2}x-5$의 그래프 위의 점인 것은 ○를, 그래프 위의 점이 아닌 것은 ×를 하여라.

1. $(-2, -7)$

Help $x=-2$, $y=-7$을 $y=\dfrac{1}{2}x-5$에 대입하여 성립하면 이 그래프 위의 점이다.

2. $(4, -4)$

3. $\left(5, -\dfrac{5}{2}\right)$

4. $\left(\dfrac{14}{3}, -\dfrac{8}{3}\right)$

5. $\left(7, \dfrac{3}{2}\right)$

■ 다음 중 일차함수 $y=-\dfrac{2}{3}x+4$의 그래프 위의 점인 것은 ○를, 그래프 위의 점이 아닌 것은 ×를 하여라.

6. $(3, 2)$

7. $\left(1, \dfrac{4}{3}\right)$

8. $\left(\dfrac{1}{2}, \dfrac{10}{3}\right)$

9. $\left(\dfrac{9}{2}, 1\right)$

10. $(12, -4)$

B 일차함수의 그래프 위의 점의 미지수 구하기 1

일차함수 $y=3x+2$의 그래프가 점 $(-2k+1, -k)$를 지난다고 하면 $x=-2k+1$, $y=-k$를 $y=3x+2$에 대입하면 돼.
$-k=3(-2k+1)+2$이므로 $k=1$
아하! 그렇구나~

■ 일차함수 $y=\dfrac{1}{4}x-3$의 그래프가 다음 점을 지날 때, k의 값을 구하여라.

1. $(k, -1)$

   Help 점 $(k, -1)$을 $y=\dfrac{1}{4}x-3$에 대입하면

   $-1=\dfrac{1}{4}k-3$

2. $(4k, 2)$

3. $(8k, -5)$

4. $(2, 2k)$

5. $\left(6, \dfrac{1}{2}k\right)$

■ 일차함수 $y=-5x+2$의 그래프가 다음 점을 지날 때, k의 값을 구하여라.

6. $(k, -3k)$

   Help 점 $(k, -3k)$를 $y=-5x+2$에 대입하면
   $-3k=-5k+2$

7. $(2k, -6k+1)$

8. $(-k+1, 4k)$

9. $\left(\dfrac{1}{5}k, k+3\right)$

10. $\left(\dfrac{1}{10}k, \dfrac{3}{2}k\right)$

일차함수 $y=-4x+1$의 그래프가 점 $(p, 3q)$, $(-2p, q)$를 지날 때,
점 $(p, 3q)$를 대입하면 $3q=-4p+1$
점 $(-2p, q)$를 대입하면 $q=-4\times(-2p)+1$
이 두 식을 연립하여 풀면 돼. 잊지 말자. 꼬~옥!

■ 일차함수 $y=4x-9$의 그래프가 다음 두 점을 지날
때, p, q의 값을 각각 구하여라.

1. $(1, p), (q, 3)$

_____

2. $(2, p), (q, -5)$

_____

3. $(p, 3p), (q, q)$

_____

4. $(-p+1, p), (q, q-3)$

_____

Help $y=4x-9$에
점 $(-p+1, p)$를 대입하면 $p=4(-p+1)-9$
점 $(q, q-3)$을 대입하면 $q-3=4q-9$

5. $(2p, p+5), (q-10, -3q)$

_____

■ 일차함수 $y=-2x+6$의 그래프가 다음 두 점을 지
날 때, p, q의 값을 각각 구하여라.

6. $(p, q), (2p, -q)$

_____

Help $y=-2x+6$에
점 (p, q)를 대입하면 $q=-2p+6$
점 $(2p, -q)$를 대입하면 $-q=-2\times2p+6$

7. $(-p, 3q), (p, -2q)$

_____

8. $(4p, 2q), (-p, 7q)$

_____

9. $(p, -5q), (-p, 2q)$

_____

10. $(3p, 4q), (-p, -q)$

_____

D 미지수가 있는 일차함수의 그래프 위의 점

일차함수 $y=-ax+4$(단, a는 상수)의 그래프가 두 점 $(3, -5)$, $(3p, -p-1)$을 지난다면 먼저 점 $(3, -5)$를 대입하여 a의 값을 구한 후 점 $(3p, -p-1)$을 대입해야 해.

잊지 말자. 꼬~옥! 😎

■ 일차함수 $y=-ax+3$의 그래프가 다음 두 점을 지날 때, p의 값을 구하여라.

1. $(2, 9), (p, 4p)$

   Help $y=-ax+3$에 점 $(2, 9)$를 대입하여 a의 값을 구한 후 점 $(p, 4p)$를 대입한다.

2. $(-1, 4), (2p, -p+2)$

3. $(3, 6), (-4p, 2p+1)$

4. $(-4, 11), (p+1, -p)$

5. $\left(\dfrac{3}{2}, 6\right), (2p-1, 3p)$

■ 두 일차함수 $y=ax-8$, $y=-5x+1$의 그래프가 모두 다음 점을 지날 때, $a+p$의 값을 구하여라.

앗! 실수

6. $(1, p)$

   Help $y=-5x+1$에 점 $(1, p)$를 대입하여 p를 구한 후 점 $(1, p)$를 $y=ax-8$에 대입한다.

7. $(3, p)$

8. $\left(\dfrac{1}{5}, p\right)$

9. $(p, -9)$

10. $(p, 6)$

적중률 90%

[1~2] 일차함수의 그래프 위의 점

1. 다음 중 일차함수 $y=-4x+9$의 그래프 위의 점이 아닌 것은?

① $\left(\dfrac{1}{2},\ 7\right)$ ② $(1,\ 5)$ ③ $\left(\dfrac{3}{2},\ 3\right)$

④ $(3,\ 0)$ ⑤ $(4,\ -7)$

2. 일차함수 $y=\dfrac{3}{4}x+2$의 그래프가 점 $(k,\ -1)$을 지날 때, k의 값은?

① -4 ② -2 ③ 3

④ 4   ⑤ 5

[3~4] 일차함수 그래프 위의 점의 미지수 구하기

3. 일차함수 $y=-\dfrac{3}{2}x+1$의 그래프가 두 점 $(2,\ p)$, $(q,\ -5)$를 지날 때, $2p+q$의 값은?

① -4 ② -1 ③ 0

④ 1   ⑤ 4

4. 일차함수 $y=-5x+2$의 그래프가 두 점 $(p,\ q)$, $(2p,\ 3q)$를 지날 때, $p,\ q$의 값을 각각 구하여라.

적중률 80%

[5~6] 미지수가 있는 일차함수의 그래프 위의 점

앗! 실수

5. 일차함수 $y=-ax+6$의 그래프가 두 점 $(3,\ -3)$, $(-p,\ 4p)$를 지날 때, p의 값은? (단, a는 상수)

① -5 ② -2 ③ 3

④ 6   ⑤ 8

6. 두 일차함수 $y=ax+7$, $y=3x-5$의 그래프가 점 $(2,\ p)$를 지날 때, $a+p$의 값은? (단, a는 상수)

① -3 ② -2 ③ 0

④ 1   ⑤ 5

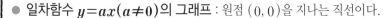

일차함수의 그래프의 평행이동

● 일차함수 $y=ax(a\neq0)$의 그래프 : 원점 $(0, 0)$을 지나는 직선이다.

	$a>0$일 때	$a<0$일 때
그래프	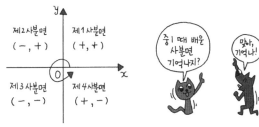	
지나는 사분면	제1사분면과 제3사분면	제2사분면과 제4사분면
그래프의 모양	오른쪽 위로 향하는 직선	오른쪽 아래로 향하는 직선
증가, 감소	x의 값이 증가하면 y의 값도 증가한다.	x의 값이 증가하면 y의 값은 감소한다.
a의 절댓값에 따른 그래프의 모양	a의 절댓값이 클수록 그래프는 y축에 가깝다. a의 절댓값이 작을수록 그래프는 x축에 가깝다.	

바빠 꿀팁!

평행이동은 위, 아래, 오른쪽, 왼쪽으로 옮기는 것이므로 모양에는 변화가 없어. 있는 모양 그대로 움직이는 거지.

이렇게 있는 모양 그대로 움직여야 평행이동!

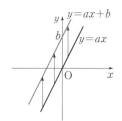

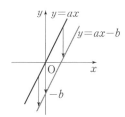

● 평행이동 : 한 도형을 일정한 방향으로 일정한 거리만큼 옮기는 것

● 일차함수 $y=ax+b(a\neq0)$의 그래프

일차함수 $y=ax$의 그래프를 y축의 방향으로 b만큼 평행이동한 직선이다.

⇨ $y=ax$의 그래프를 y축의 방향으로 위로 b만큼 평행이동 $(b>0)$

⇨ $y=ax$의 그래프를 y축의 방향으로 아래로 $-b$만큼 평행이동 $(b>0)$

 앗! 실수

일차함수 $y=4x$의 그래프를 y축의 방향으로 2만큼 평행이동하면 뒤에 2를 더하면 되니 $y=4x+2$가 되는 거지. 일차함수 $y=4x+3$과 같이 $y=4x$ 뒤에 더해진 수가 있더라도 2만큼 평행이동하면 $y=4x+3$에 2를 더하여 $y=4x+3+2=4x+5$가 돼. x축의 방향으로 평행이동하면 어떻게 되는지 궁금해 하는 학생들도 있지만 안심해도 좋아. 2학년에서는 안 배워.

A 일차함수 $y=ax+b\,(a\neq0)$의 그래프

$y=3x$의 그래프를 y축의 방향으로 2만큼 평행이동하면 $y=3x+2$
$y=3x$의 그래프를 y축의 방향으로 -2만큼 평행이동하면 $y=3x-2$
와 같이 평행이동한 수만큼 일차함수에 더해 주면 돼.

아하! 그렇구나~ 😊

■ 일차함수 $y=2x$의 그래프를 이용하여 다음 함수의 그래프를 그려라.

1. $y=2x+2$

   Help y축 위의 점 $(0,2)$를 지나고 위의 그래프와 기울어진 정도가 같은 그래프를 그린다.

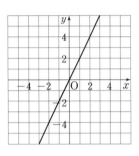

2. $y=2x-4$

■ 일차함수 $y=-x$의 그래프를 이용하여 다음 함수의 그래프를 그려라.

3. $y=-x+3$

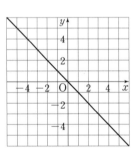

4. $y=-x-5$

■ 다음 일차함수의 그래프를 y축의 방향으로 [ ] 안의 수만큼 평행이동한 그래프가 나타내는 일차함수의 식을 구하여라.

5. $y=x$ $[2]$

   _____

   Help $y=x+\square$

6. $y=4x$ $[-1]$

   _____

7. $y=-5x$ $[10]$

   _____

8. $y=\dfrac{3}{4}x$ $[-2]$

   _____

9. $y=-\dfrac{1}{8}x$ $\left[\dfrac{1}{3}\right]$

   _____

86

$y=ax+b$의 그래프와 평행이동에 의해 겹쳐지는 일차함수는 b의 값에 상관없이 x의 계수가 a이면 돼.

잊지 말자. 꼬~옥!

■ 다음 함수 중 그 그래프가 일차함수 $y=3x$의 그래프를 평행이동했을 때, 겹쳐지는 것은 ○를, 겹쳐지지 <u>않는</u> 것은 ×를 하여라.

1. $y=3x-1$

_____

Help x의 계수가 3이면 평행이동했을 때 겹쳐진다.

2. $y=\dfrac{1}{3}x+2$

_____

3. $y=3(x+1)-x$

_____

4. $y=\dfrac{6x-5}{2}$

_____

Help $y=\dfrac{6x-5}{2}=\dfrac{6}{2}x-\dfrac{5}{2}=3x-\dfrac{5}{2}$

5. $y=x+2(x-3)$

_____

■ 다음 함수 중 그 그래프가 일차함수 $y=-\dfrac{1}{2}x+\dfrac{2}{3}$의 그래프를 평행이동했을 때, 겹쳐지는 것은 ○를, 겹쳐지지 <u>않는</u> 것은 ×를 하여라.

6. $y=-2x-\dfrac{1}{2}$

_____

7. $y=-\dfrac{1}{2}$

_____

8. $y=\dfrac{1}{2}(x-2)-x$

_____

9. $y=\dfrac{1}{2}x+\dfrac{2}{3}$

_____

10. $y=-\dfrac{2x+3}{4}$

_____

Help $y=-\dfrac{2x+3}{4}=-\dfrac{1}{2}x-\dfrac{3}{4}$

일차함수 $y=-5x+3$의 그래프를 y축의 방향으로 p만큼 평행이동 하였더니 일차함수 $y=-5x-6$의 그래프가 되었다면 일차함수 $y=-5x+3+p$가 $y=-5x-6$이 된 것이므로 $3+p=-6$에서 $p=-9$ 아하! 그렇구나~

■ 일차함수 $y=-9x+2$의 그래프를 y축의 방향으로 p만큼 평행이동하였더니, 다음 일차함수의 그래프가 되었다. 이때 p의 값을 구하여라.

1. $y=-9x+3$

   _____

   Help $y=-9x+2$의 그래프를 y축의 방향으로 p만큼 평행이동한 그래프의 식은 $y=-9x+2+p$이고 $y=-9x+3$과 같아지므로 $2+p=3$

2. $y=-9x$

   _____

3. $y=-9x-1$

   _____

4. $y=-9x+\dfrac{1}{2}$

   _____

5. $y=-9x+\dfrac{7}{3}$

   _____

■ 일차함수 $y=7x+p$의 그래프를 y축의 방향으로 -2만큼 평행이동하였더니, 다음 일차함수의 그래프가 되었다. 이때 상수 p의 값을 구하여라.

6. $y=7x+5$

   _____

   Help $y=7x+p$의 그래프를 y축의 방향으로 -2만큼 평행이동한 그래프의 식은 $y=7x+p-2$이다.
   $\therefore p-2=5$

7. $y=7x-1$

   _____

8. $y=7x+6$

   _____

9. $y=7x-\dfrac{3}{4}$

   _____

10. $y=7x-\dfrac{9}{2}$

    _____

일차함수 $y=-3x+1$의 그래프를 y축의 방향으로 p만큼 평행이동한 그래프가 점 $(2, -1)$을 지난다면 $y=-3x+1+p$에 점 $(2, -1)$을 대입하여 p의 값을 구하면 돼.

잊지 말자. 꼬~옥! 🦔

■ 일차함수 $y=4x-2$의 그래프를 y축의 방향으로 p만큼 평행이동한 그래프가 다음 점을 지날 때, p의 값을 구하여라.

1. $(1, 1)$

   _____

   Help 일차함수 $y=4x-2$의 그래프를 y축의 방향으로 p만큼 평행이동한 그래프의 식은 $y=4x-2+p$이므로 점 $(1, 1)$을 대입하여 p의 값을 구한다.

2. $(-1, -4)$

   _____

3. $(3, 8)$

   _____

4. $\left(\dfrac{1}{2}, 5\right)$

   _____

5. $\left(\dfrac{3}{4}, 2\right)$

   _____

■ 일차함수 $y=5x+k$의 그래프를 y축의 방향으로 -4만큼 평행이동한 그래프가 다음 점을 지날 때, 상수 k의 값을 구하여라.

6. $(1, -2)$

   _____

   Help 일차함수 $y=5x+k$의 그래프를 y축의 방향으로 -4만큼 평행이동한 그래프의 식은 $y=5x+k-4$이므로 점 $(1, -2)$를 대입하여 k의 값을 구한다.

7. $(2, 4)$

   _____

8. $(3, 7)$

   _____

9. $\left(\dfrac{2}{5}, -2\right)$

   _____

10. $\left(1, \dfrac{3}{2}\right)$

   _____

E 평행이동한 그래프 위의 점 2

일차함수 $y=ax+4$의 그래프를 y축의 방향으로 -3만큼 평행이동한 그래프가 두 점 $(-1,\ 4)$, $(2,\ q)$를 지날 때, a, q의 값을 구해 보자. (단, a는 상수)
일차함수 $y=ax+4-3=ax+1$에 두 점 $(-1,\ 4)$, $(2,\ q)$를 대입하여 a, q의 값을 구하면 돼.

■ 일차함수 $y=5x$의 그래프를 y축의 방향으로 p만큼 평행이동한 그래프가 다음 두 점을 지날 때, p, q의 값을 각각 구하여라.

1. $(1,\ 6),\ (q,\ -4)$

_____

> Help 일차함수 $y=5x$의 그래프를 y축의 방향으로 p만큼 평행이동한 그래프의 식은 $y=5x+p$이다.

2. $(-1,\ 2),\ (q,\ -8)$

_____

3. $(3,\ 9),\ (q,\ -1)$

_____

4. $(-4,\ -12),\ (2,\ 2q)$

_____

5. $\left(-\dfrac{3}{5},\ 6\right),\ (-3,\ 3q)$

_____

■ 일차함수 $y=ax-3$의 그래프를 y축의 방향으로 -2만큼 평행이동한 그래프가 다음 두 점을 지날 때, a, q의 값을 각각 구하여라. (단, a는 상수)

6. $(1,\ -8),\ (-2,\ q)$

_____

7. $(2,\ 5),\ (3,\ q)$

_____

8. $(-2,\ 3),\ (-4,\ q)$

_____

9. $(4,\ -1),\ (-2q,\ -5)$

_____

10. $(-3,\ 4),\ (4q,\ 7)$

_____

[1~2] 일차함수의 그래프의 평행이동

[3~5] 평행이동한 그래프 위의 점

1. 다음 일차함수의 그래프 중 일차함수 $y=\dfrac{1}{3}x+2$의 그래프를 평행이동한 그래프와 겹치는 것은?

① $y=-\dfrac{1}{3}x+2$ ② $y=3x+2$

③ $y=-\dfrac{2}{3}(x-1)+x$ ④ $y=\dfrac{2}{3}x-2$

⑤ $y=3x-2$

3. 일차함수 $y=4x+p$의 그래프를 y축의 방향으로 -5만큼 평행이동하였더니 일차함수 $y=4x-9$의 그래프가 되었다. 이때 상수 p의 값을 구하여라.

2. 다음 중 일차함수 $y=2x$의 그래프를 이용하여 일차함수 $y=2x-3$의 그래프를 바르게 그린 것은?

① 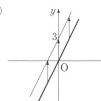   ②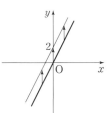

③ 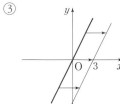   ④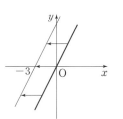

⑤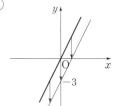

4. 일차함수 $y=-\dfrac{3}{8}x+1$의 그래프를 y축의 방향으로 p만큼 평행이동한 그래프가 점 $(-1,\ 2)$를 지난다. 이때 p의 값은?

① $\dfrac{3}{8}$ ② $\dfrac{5}{8}$ ③ $\dfrac{3}{4}$

④ $\dfrac{7}{4}$ ⑤ $\dfrac{11}{8}$

5. 일차함수 $y=ax+6$의 그래프를 y축의 방향으로 -4만큼 평행이동한 그래프가 두 점 $(2,\ 4),\ (1,\ q)$를 지날 때, $a-2q$의 값을 구하여라. (단, a는 상수)

13 일차함수의 그래프의 x절편, y절편

개념 강의 보기

● **일차함수의 그래프의 x절편, y절편**

　① x절편 : 일차함수의 그래프가 x축과 만나는 점의 x좌표

　　⇨ $y=0$일 때의 x의 값

　② y절편 : 일차함수의 그래프가 y축과 만나는 점의 y좌표

　　⇨ $x=0$일 때의 y의 값

　일차함수 $y=-4x+8$의 그래프의 x절편과 y절편을 구해 보자.

　x절편은 $y=0$일 때의 x의 값이므로 $0=-4x+8$에서 $x=2$ ⇨ x절편 : 2

　y절편은 $x=0$일 때의 y의 값이므로 $y=-4\times0+8=8$ ⇨ y절편 : 8

바빠 꿀팁!

・ 절편(切 끊다, 片 조각)은 그래프가 좌표축에 의하여 잘리는 부분, 즉 그래프가 좌표축과 만나는 부분을 말하지.

・ $y=ax+b$에서 y절편은 $x=0$을 대입하는 것이므로 언제나 뒤에 더해진 b가 돼. y절편을 구할 때 $x=0$을 넣어서 구해도 되지만 y절편은 무조건 b로 기억하면 편리해.

● **일차함수 $y=ax+b$의 그래프의 x절편과 y절편**

　① x절편 : $-\dfrac{b}{a}$

　② y절편 : b

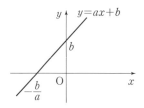

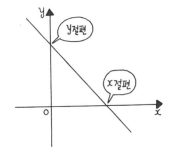

● **x절편과 y절편을 이용하여 미지수 구하기**

　① 일차함수 $y=-3x+a$(단, a는 상수)의 그래프에서 x절편이 2일 때 y절편을 구해 보자.

　　x절편이 2이므로 점 $(2, 0)$을 $y=-3x+a$에 대입하면 $a=6$

　　따라서 $y=-3x+6$이므로 $x=0$을 대입하면 y절편은 6이다.

　② 두 일차함수 $y=x-2$, $y=x+a$의 그래프의 x절편이 같을 때, 상수 a의 값을 구해 보자.

　　$y=x-2$에 $y=0$을 대입하면 $x=2$가 되어 x절편이 2이다.

　　$y=x+a$의 그래프도 x절편이 2이므로 점 $(2, 0)$을 대입하면 $a=-2$이다.

앗! 실수

・ x절편이 2이면 그래프가 x축과 만나는 점의 x좌표가 2라는 뜻이므로 y의 값은 0이야.
　따라서 x절편을 그래프에 대입할 때는 $x=2$, $y=0$을 대입해야 해.
・ y절편이 2이면 그래프가 y축과 만나는 점의 y좌표가 2라는 뜻이므로 x의 값은 0이야.
　따라서 y절편을 그래프에 대입할 때는 $x=0$, $y=2$를 대입해야 해.

A 일차함수의 그래프에서 x절편, y절편 구하기

그래프 위에서 x절편과 y절편을 구할 때는
x절편 : 그래프가 x축과 만나는 점의 x의 값
y절편 : 그래프가 y축과 만나는 점의 y의 값

아하! 그렇구나~

■ 다음 그림과 같은 일차함수의 그래프에서 x절편과
  y절편을 각각 구하여라.

1. x절편 : _____
   y절편 : _____

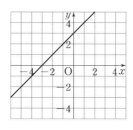

4. x절편 : _____
   y절편 : _____

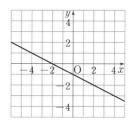

2. x절편 : _____
   y절편 : _____

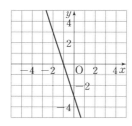

5. x절편 : _____
   y절편 : _____

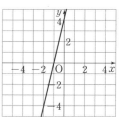

3. x절편 : _____
   y절편 : _____

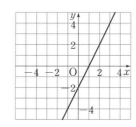

6. x절편 : _____
   y절편 : _____

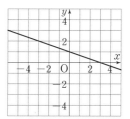

■ 다음 일차함수의 그래프의 x절편을 구하여라.

1. $y=x-1$

_____

Help $y=0$을 대입하여 x의 값을 구한다.

2. $y=-2x+4$

_____

3. $y=-3x+1$

_____

4. $y=2x-8$

_____

5. $y=4x+10$

_____

앗! 실수

6. $y=\dfrac{1}{5}x-2$

_____

7. $y=-\dfrac{1}{3}x+1$

_____

8. $y=-\dfrac{3}{2}x-3$

_____

9. $y=\dfrac{3}{4}x+6$

_____

10. $y=-\dfrac{9}{5}x+3$

_____

잊지 말자. 꼬~옥!

C 일차함수의 그래프의 y절편

일차함수 $y=-2x+6$에서 y절편을 구하려면 $x=0$을 대입하여 y의 값을 구하면 돼.
$y=-2\times0+6=6$
따라서 y절편은 항상 일차함수의 상수항인 6이야.
아하! 그렇구나~

■ 다음 일차함수의 그래프의 y절편을 구하여라.

1. $y=-x+2$

　　　　_____

　　Help y절편은 항상 일차함수의 상수항이다.

2. $y=2x-3$

　　　　_____

3. $y=-4x-7$

　　　　_____

4. $y=-5x+1$

　　　　_____

5. $y=11x-12$

　　　　_____

6. $y=\dfrac{1}{2}x+9$

　　　　_____

7. $y=-\dfrac{5}{4}x+8$

　　　　_____

8. $y=\dfrac{7}{3}x-6$

　　　　_____

9. $y=\dfrac{11}{6}x+\dfrac{3}{2}$

　　　　_____

10. $y=-\dfrac{9}{4}x-\dfrac{1}{3}$

　　　　_____

함수 $y=ax+b$(단, a는 상수)의 그래프의 x절편이 3, y절편이 3으로 주어지면 $b=3$

x절편이 3이므로 점 (3, 0)을 $y=ax+3$에 대입하면

$0=3a+3$　∴ $a=-1$ 잊지 말자. 꼬~옥!

■ 일차함수 $y=-5x+b$의 그래프에서 다음에 주어진 x절편을 이용하여 y절편을 구하여라. (단, a는 상수)

1. x절편 : 1

_____

　Help x절편이 1이므로 점 (1, 0)을 대입하면 $b=5$

2. x절편 : -2

_____

3. x절편 : 3

_____

4. x절편 : $\dfrac{2}{5}$

_____

5. x절편 : $-\dfrac{1}{10}$

_____

■ 일차함수 $y=ax+b$의 그래프에서 다음에 주어진 x절편과 y절편을 이용하여 상수 a, b의 값을 각각 구하여라.

6. x절편 : 2, y절편 : 1

_____

　Help x절편이 2이므로 점 (2, 0)을 대입하면 $0=2a+b$

　　y절편이 1이므로 $b=1$

7. x절편 : -3, y절편 : 3

_____

8. x절편 : -1, y절편 : -4

_____

9. x절편 : -2, y절편 : 6

_____

10. x절편 : 4, y절편 : -10

_____

E. x절편과 y절편을 이용하여 미지수 구하기 2

일차함수 $y=ax-5$(단, a는 상수)의 그래프를 y축의 방향으로 3만큼 평행이동하면 $y=ax-5+3=ax-2$
이 그래프의 x절편이 2이면 점 $(2,\ 0)$을 대입하여 a의 값을 구하면 돼.
$0=2a-2$ ∴ $a=1$ 잊지 말자. 꼬~옥! 🦔

■ 다음에 주어진 두 일차함수의 그래프의 x절편이 같을 때, 상수 b의 값을 구하여라.

1. $y=x-2,\ y=-x+b$

_____

Help $y=x-2$의 그래프의 x절편이 2이므로 $y=-x+b$에 점 $(2,\ 0)$을 대입하여 b의 값을 구한다.

🐱앗실수
2. $y=-2x-4,\ y=3x+b$

_____

3. $y=3x+12,\ y=-4x+b$

_____

4. $y=\dfrac{5}{2}x-10,\ y=2x+b$

_____

5. $y=\dfrac{10}{3}x+5,\ y=x+b$

_____

■ 일차함수 $y=ax+3$의 그래프를 다음과 같이 y축의 방향으로 평행이동한 그래프의 x절편과 y절편을 이용하여 $a,\ b$의 값을 각각 구하여라. (단, a는 상수)

🐱앗실수
6. y축의 방향으로 1만큼 평행이동한 그래프의 x절편이 -2, y절편이 b

_____

Help $y=ax+3$의 그래프를 y축의 방향으로 1만큼 평행이동한 그래프의 식은 $y=ax+4$
x절편이 -2이므로 $y=ax+4$에 점 $(-2,\ 0)$을 대입하여 a의 값을 구한다.

7. y축의 방향으로 5만큼 평행이동한 그래프의 x절편이 4, y절편이 b

_____

8. y축의 방향으로 7만큼 평행이동한 그래프의 x절편이 -5, y절편이 b

_____

9. y축의 방향으로 -2만큼 평행이동한 그래프의 x절편이 8, y절편이 b

_____

10. y축의 방향으로 -10만큼 평행이동한 그래프의 x절편이 -7, y절편이 b

_____

적중률 90%
[1~3] 일차함수의 그래프의 x절편, y절편

1. 일차함수 $y=3x+9$의 그래프에서 x절편을 a, y절편을 b라 할 때, $a+b$의 값은?

   ① 3   ② 6   ③ 9

   ④ 10   ⑤ 12

2. 다음 일차함수의 그래프 중 x절편이 나머지 넷과 다른 하나는?

   ① $y=-x+2$ ② $y=\dfrac{1}{5}x-\dfrac{2}{5}$

   ③ $y=-3x+6$ ④ $y=2x+2$

   ⑤ $y=-\dfrac{5}{4}x+\dfrac{5}{2}$

3. 일차함수 $y=\dfrac{1}{3}x+2$의 그래프를 y축의 방향으로 -3만큼 평행이동한 그래프의 x절편과 y절편을 각각 구하여라.

적중률 80%
[4~6] 일차함수의 그래프의 x절편, y절편을 이용하여 미지수 구하기

4. 일차함수 $y=ax+b$의 그래프의 x절편은 $-\dfrac{1}{3}$이고 y절편은 1일 때, 상수 a, b에 대하여 $a+b$의 값은?

   ① 1   ② 2   ③ 3

   ④ 4   ⑤ 5

앗! 실수

5. 일차함수 $y=-4x+5$의 그래프의 y절편과 일차함수 $y=-\dfrac{2}{5}x+b$의 그래프의 x절편이 같을 때, 상수 b의 값은?

   ① -2 ② -1 ③ 0

   ④ 1   ⑤ 2

6. 일차함수 $y=ax+7$의 그래프를 y축의 방향으로 -3만큼 평행이동한 그래프의 x절편이 2, y절편이 b일 때, $a+b$의 값을 구하여라. (단, a는 상수)

14 일차함수의 그래프의 기울기

- **일차함수의 그래프의 기울기**

  일차함수 $y=ax+b$에서 x의 값의 증가량에 대한 y의 값의 증가량의 비율은 항상 일정하고, 그 비율은 x의 계수 a와 같다. 이때 a를 일차함수 $y=ax+b$의 그래프의 기울기라 한다.

  $$(\text{기울기})=\frac{(y\text{의 값의 증가량})}{(x\text{의 값의 증가량})}=a$$

  어떤 일차함수의 그래프에서 x의 값이 2에서 5까지 증가할 때, y의 값은 3에서 9까지 증가하면 이 일차함수의 그래프의 기울기는

  $$\frac{(y\text{의 값의 증가량})}{(x\text{의 값의 증가량})}=\frac{9-3}{5-2}=2$$

- **두 점을 지나는 일차함수의 그래프의 기울기**

  두 점 $(a,\ b),\ (c,\ d)$를 지나는 일차함수의 그래프에서

  $$(\text{기울기})=\frac{d-b}{c-a}=\frac{b-d}{a-c}$$

  두 점 $(-2,\ -4),\ (-5,\ 8)$을 지나는 일차함수의 그래프에서

  $$(\text{기울기})=\frac{8-(-4)}{-5-(-2)}=\frac{12}{-3}=-4$$

- **세 점이 한 직선 위에 있을 때, 미지수 구하기**

  세 점 $(-1,\ 3),\ (-2,\ 6),\ (k,\ 9)$가 한 직선 위에 있을 때, k의 값을 구해 보자.
  세 점이 한 직선 위에 있을 때는 어느 두 점을 선택해서 기울기를 구해도 기울기는 같다.

  두 점 $(-1,\ 3),\ (-2,\ 6)$을 지나는 직선의 기울기는 $\dfrac{6-3}{-2-(-1)}=-3$

  두 점 $(-2,\ 6),\ (k,\ 9)$를 지나는 직선의 기울기는 $\dfrac{9-6}{k-(-2)}$이므로

  $$\frac{9-6}{k-(-2)}=-3,\ 3=-3(k+2) \qquad \therefore k=-3$$

바빠 꿀팁!

- 기울기란 직선이 기울어진 정도를 말해.
- $y=ax+b$
  기울기 y절편

앗! 실수

두 점 $(3,\ 2),\ (-1,\ -6)$을 지나는 직선의 기울기를 구할 때 $\dfrac{-6-2}{-1-3}=\dfrac{2-(-6)}{3-(-1)}=2$로 앞의 수에서 뒤의 수를 빼거나 뒤의 수에서 앞의 수를 빼도 값은 같으니 계산이 편한 대로 하면 돼.

그런데 주의할 것은 x는 앞의 수에서 뒤의 수를 빼고 y는 뒤의 수에서 앞의 수를 빼면 $\dfrac{-6-2}{3-(-1)}=-2$로 값이 달라져. 반드시 $x,\ y$ 모두 같은 순서로 빼야 해.

A 일차함수의 그래프의 기울기 1

그래프에서 기울기를 구할 때는 좌표평면에서 x, y좌표가 모두 정수인 두 점을 잡아서 x의 증가량과 y의 증가량으로 구하면 돼.

아하! 그렇구나~

■ 다음 일차함수의 그래프의 기울기를 구하여라.

1. $y=4x-1$

_____

Help 기울기는 무조건 x의 계수이다.

2. $y=-6x+2$

_____

3. $y=\dfrac{1}{2}x+3$

_____

4. $y=-\dfrac{4}{3}x-8$

_____

5. $y=-\dfrac{11}{4}x+\dfrac{6}{5}$

_____

■ 다음 □ 안에 알맞은 수를 써넣어라.

6.

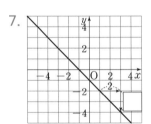

⇨ 기울기 : $\dfrac{2}{\square}$

7.

⇨ 기울기 : $\dfrac{\square}{2}=\square$

8.

⇨ 기울기 : $\dfrac{4}{\square}$

일차함수 $y=ax+b$의 그래프에서 기울기는 a이고
$a=\dfrac{(y의\ 값의\ 증가량)}{(x의\ 값의\ 증가량)}$으로 구하면 돼.

이 정도는 암기해야 해 암암!

■ 일차함수의 그래프에서 x의 값이 다음과 같이 증가할 때, y의 값의 증가량을 구하여라.

1. $y=x+1$, x의 값이 3만큼 증가

_____

Help y의 값의 증가량을 k라 하면

$(기울기)=\dfrac{(y의\ 값의\ 증가량)}{(x의\ 값의\ 증가량)}$이므로 $1=\dfrac{k}{3}$

2. $y=3x-2$, x의 값이 5만큼 증가

_____

3. $y=-2x+1$, x의 값이 1에서 5까지 증가

_____

4. $y=-\dfrac{1}{2}x+3$, x의 값이 3에서 7까지 증가

_____

5. $y=-\dfrac{2}{3}x-5$, x의 값이 -3에서 3까지 증가

_____

■ 일차함수의 그래프에서 y의 값이 다음과 같이 증가할 때, x의 값의 증가량을 구하여라.

6. $y=-x+1$, y의 값이 -2만큼 증가

_____

Help x의 값의 증가량을 k라 하면

$(기울기)=\dfrac{(y의\ 값의\ 증가량)}{(x의\ 값의\ 증가량)}$이므로 $-1=\dfrac{-2}{k}$

7. $y=3x-2$, y의 값이 9만큼 증가

_____

8. $y=-4x+2$, y의 값이 2에서 10까지 증가

_____

9. $y=-\dfrac{7}{4}x+3$, y의 값이 -3에서 4까지 증가

_____

10. $y=\dfrac{5}{6}x+\dfrac{1}{2}$, y의 값이 -8에서 2까지 증가

_____

두 점을 지나는 일차함수의 그래프의 기울기

두 점 $(a, b), (c, d)$를 지나는 일차함수의 그래프에서

$(기울기) = \dfrac{(y의 \; 값의 \; 증가량)}{(x의 \; 값의 \; 증가량)} = \dfrac{b-d}{a-c} = \dfrac{d-b}{c-a}$

이와 같이 x, y의 값 모두 앞의 수에서 뒤의 수를 빼거나 뒤의 수에서 앞의 수를 빼면 돼.

■ 다음 두 점을 지나는 일차함수의 그래프의 기울기를 구하여라.

1. $(1, \; 4), (3, \; 6)$

　　　Help $(기울기) = \dfrac{6-4}{3-1} = \dfrac{4-6}{1-3}$

2. $(2, \; 4), (4, \; 10)$

3. $(5, \; 1), (1, \; 13)$

4. $(-2, \; 3), (-4, \; -5)$

5. $(-3, \; 0), (-7, \; 2)$

■ 다음 두 점을 지나는 일차함수의 그래프의 기울기가 주어질 때, k의 값을 구하여라.

6. $(1, \; 2), (3, \; k),$ 기울기 : 2

　　　Help 기울기가 2이므로 $2 = \dfrac{k-2}{3-1}$

7. $(1, \; 5), (2, \; k),$ 기울기 : -1

8. $(-1, \; k), (-3, \; 4),$ 기울기 : -4

9. $(k, \; 3), (-1, \; 2),$ 기울기 : 1

10. $(k, \; 4), (5, \; 1),$ 기울기 : 3

세 점 A, B, C가 한 직선 위에 있다면 세 점 중 어느 두 점을 선택해도 기울기가 같아.
(두 점 A, B를 지나는 직선의 기울기)
＝(두 점 B, C를 지나는 직선의 기울기)
＝(두 점 C, A를 지나는 직선의 기울기)

■ 다음 세 점이 한 직선 위에 있을 때, k의 값을 구하여라.

1. $(1, 3), (7, 6), (k, 7)$

    Help 세 점 중 어느 두 점을 선택해서 구한 기울기는 모두 같다.

    $$\frac{6-3}{7-1}=\frac{7-6}{k-7}$$

2. $(1, 2), (-3, 0), (k, 4)$

3. $(-2, 5), (0, 9), (3, k)$

4. $(-3, 3), (2, 4), (k, 6)$

5. $(4, 1), (-2, -5), (1, k)$

6. $(k, k+4), (2, -1), (3, -7)$

    Help $\dfrac{-7-(-1)}{3-2}=\dfrac{k+4-(-1)}{k-2}$

7. $(-k+2, k), (3, -4), (1, 2)$

8. $(-4, 0), (2k, k+1), (2, 6)$

9. $(-6, 3), (-k, k+3), (2, -1)$

10. $(2, -6), (-3, 4), (k-7, -k)$

103

E 일차함수의 그래프의 기울기, x절편, y절편

$y=ax+b$의 그래프에서
- 기울기 : a
- x절편 : $-\dfrac{b}{a}$
- y절편 : b

■ 다음 일차함수의 그래프의 기울기, x절편, y절편을 차례로 구하여라.

1. $y=2x-2$

Help 일차함수의 식에서 x의 계수가 기울기, x절편은 $y=0$을 대입하여 구하고 y절편은 상수항이다.

2. $y=-3x+9$

3. $y=\dfrac{1}{2}x+8$

4. $y=\dfrac{3}{4}x-6$

5. $y=\dfrac{2}{3}x+10$

■ 다음 일차함수의 그래프에서 기울기, x절편, y절편을 차례로 구하여라.

6.

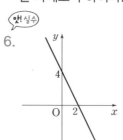

Help 두 점 $(2,\ 0)$, $(0,\ 4)$를 지나므로 기울기는

$$\dfrac{4-0}{0-2}=-2$$

7.

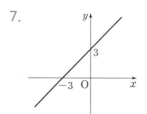

8.

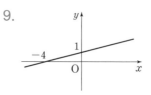

9.

104

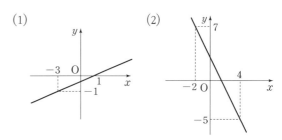

적중률 90%

[1~2] 일차함수 그래프의 기울기

앗!실수

1. 다음 일차함수의 그래프 중 x의 값이 3만큼 감소할 때, y의 값이 12만큼 감소하는 것은?

① $y = 4x - 1$　　② $y = -4x + 2$

③ $y = \dfrac{1}{4}x + 4$　　④ $y = -\dfrac{1}{4}x - \dfrac{1}{2}$

⑤ $y = \dfrac{1}{2}x - 5$

2. 일차함수 $y = \dfrac{a}{6}x + 2$의 그래프에서 x의 값이 2만큼 증가할 때, y의 값은 1만큼 감소할 때, 상수 a의 값은?

① -3　　② -1　　③ 1
④ 2　　⑤ 3

적중률 90%

[3~4] 두 점을 지나는 일차함수의 그래프의 기울기

3. 두 점 $(-2, 8), (1, k)$를 지나는 일차함수의 그래프의 기울기가 $-\dfrac{1}{3}$일 때, k의 값은?

① -5　　② -1　　③ 3
④ 5　　⑤ 7

4. 다음 일차함수의 그래프에서 기울기를 구하여라.

(1)　　　　　　　　(2)

적중률 70%

[5~6] 세 점이 한 직선 위에 있을 때, 미지수 구하기

5. 세 점 $(2, -3), (-1, 9), (k, 4)$가 한 직선 위에 있을 때, k의 값은?

① -2　　② $-\dfrac{1}{2}$　　③ $\dfrac{1}{4}$

④ $\dfrac{3}{2}$　　⑤ 2

6. 두 점 $(-5, -8), (1, -2)$를 지나는 직선 위에 점 $(k, 2k+1)$이 있을 때, k의 값을 구하여라.

15 일차함수의 그래프 그리기

개념 강의 보기

● **두 점을 이용하여 그래프 그리기**

① 일차함수의 식을 만족하는 두 점을 구한다.

② 좌표평면 위에 두 점을 나타내고 직선으로 연결한다.

● **x절편과 y절편을 이용하여 그래프 그리기**

① 일차함수의 식을 이용하여 x절편과 y절편을 구한다.

② 좌표평면 위에 두 점 $(x$절편, $0)$, $(0, y$절편$)$을 나타내고 직선으로 연결한다.

일차함수 $y=x+3$의 그래프를 x절편, y절편을 이용하여 그려 보자.

$y=0$일 때 $x=-3 \Rightarrow x$절편은 -3

$x=0$일 때 $y=3 \quad \Rightarrow y$절편은 3

좌표평면 위에 두 점 $(-3, 0)$, $(0, 3)$을 나타내고 직선으로 연결한다.

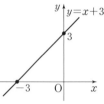

● **기울기와 y절편을 이용하여 그래프 그리기**

① 좌표평면 위에 점 $(0, y$절편$)$을 나타낸다.

② 기울기를 이용하여 다른 한 점을 찾아 두 점을 직선으로 연결한다.

일차함수 $y=-\dfrac{2}{3}x-2$의 그래프를 y절편과 기울기를 이용하여 그려 보자.

y절편은 -2이므로 점 $(0, -2)$를 지나고 기울기는 $-\dfrac{2}{3}$이므로 점 $(0, -2)$에서 x축의 방향으로 3만큼 증가하고, y축의 방향으로 2만큼 감소한 점 $(0+3, -2-2)$, 즉 점 $(3, -4)$를 지난다.

따라서 두 점 $(0, -2)$, $(3, -4)$를 직선으로 연결하면 된다.

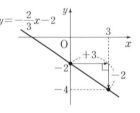

바빠 꿀팁!

• 두 점을 이용하여 그래프를 그릴 때는 그래프를 지나는 어떤 점을 선택해도 되지만 x, y의 값이 모두 두 정수가 되는 점을 선택해야 쉽게 그릴 수 있어.

• x절편이 3, y절편이 2일 때, 그래프에 점 $(3, 2)$를 찍는 학생이 많은데 x절편과 y절편은 다른 점이야. 한 점으로 만들면 안 돼.

아니야, 아니야! x절편이 4, y절편이 3이면 점의 좌표가 $(4, 3)$이 아니야.

x절편, y절편은 따로따로 점이야! 점!

앗! 실수

위의 문제와 같이 기울기가 $-\dfrac{2}{3}$일 때, x축의 방향으로 3만큼 증가하고, y축의 방향으로 2만큼 감소한다고 하지 않고 x축의 방향으로 3만큼 감소하고, y축의 방향으로 2만큼 증가한다고 하면 어떻게 될까?
점 $(0, -2)$는 $(0-3, -2+2)$, 즉 $(-3, 0)$이 되어 위의 점과 달라지지만 $(0, -2)$와 $(-3, 0)$을 연결하면 그래프는 같게 되니 '$-$'를 분자 또는 분모 어느 쪽에 곱해도 그래프의 모양은 같아져.

A 두 점을 이용하여 일차함수의 그래프 그리기

두 점을 이용하여 일차함수의 그래프를 그릴 때는 되도록 점의 좌표가 정수가 되는 두 점을 선택해서 직선으로 연결해야 정확한 그래프의 모양이 돼.

아하! 그렇구나~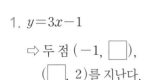

■ 다음은 주어진 일차함수의 그래프가 지나는 두 점을 나타낸 것이다. ☐ 안에 알맞은 수를 써넣고, 이것을 이용하여 그래프를 그려라.

1. $y = 3x - 1$

⇨ 두 점 $(-1, \boxed{})$,

$(\boxed{}, 2)$를 지난다.

2. $y = -\dfrac{1}{2}x + 3$

⇨ 두 점 $(2, \boxed{})$,

$(\boxed{}, 1)$을 지난다

3. $y = -\dfrac{4}{5}x + 1$

⇨ 두 점 $(5, \boxed{})$,

$(\boxed{}, 5)$를 지난다.

■ 일차함수의 그래프가 지나는 두 점을 이용하여 그래프를 그려라.

4. $y = -x + 2$

Help 어떤 점이라도 두 점을 선택해도 되지만 x의 값에 1이나 2나 −1 등 간단한 수를 대입하여 두 점을 구하는 것이 좋다.

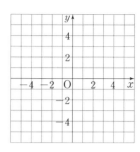

5. $y = \dfrac{2}{3}x + 1$

Help 되도록 좌표가 정수가 되도록 점을 구한다.

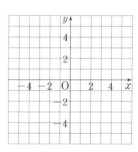

6. $y = -\dfrac{1}{4}x - 2$

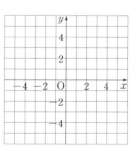

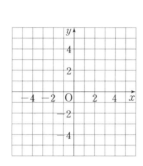

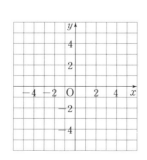

■ 다음 일차함수의 그래프의 x절편과 y절편을 각각
구하고, 이를 이용하여 그래프를 그려라.

1. $y = x - 2$

⇨ x절편 : _____

　y절편 : _____

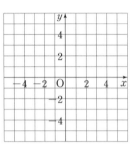

2. $y = -3x + 3$

⇨ x절편 : _____

　y절편 : _____

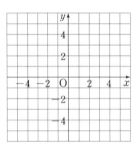

3. $y = \dfrac{1}{2}x + 1$

⇨ x절편 : _____

　y절편 : _____

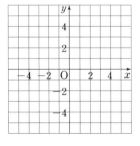

■ 다음 일차함수의 그래프를 x절편과 y절편을 이용하
여 그려라.

4. $y = -\dfrac{1}{5}x - 1$

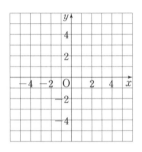

5. $y = 2x + 4$

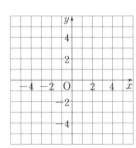

6. $y = -\dfrac{4}{3}x - 4$

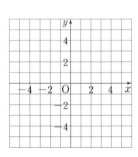

C 기울기와 y절편을 이용하여 그래프 그리기

함수 $y=-2x+1$의 그래프를 기울기와 y절편을 이용하여 그리는 방법은 y절편에서 시작해서 x의 값을 1만큼 증가시키고 y의 값을 2만큼 감소시킨 점을 그리고 y절편과 연결하면 돼.

아하! 그렇구나~

■ 다음 일차함수의 그래프의 기울기와 y절편을 각각 구하고, 이를 이용하여 그래프를 그려라.

앗! 실수

1. $y=4x+1$

   ⇨ 기울기 : _____

   y절편 : _____

   Help y절편에서 시작해서 x의 값을 1만큼 증가시키고 y의 값을 4만큼 증가시킨 점을 그리고 y절편과 연결한다.

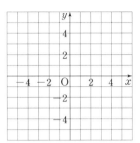

2. $y=-2x+3$

   ⇨ 기울기 : _____

   y절편 : _____

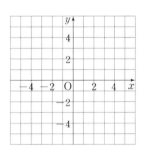

3. $y=\dfrac{2}{3}x+2$

   ⇨ 기울기 : _____

   y절편 : _____

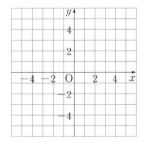

■ 다음 일차함수의 그래프를 기울기와 y절편을 이용하여 그려라.

4. $y=-\dfrac{3}{4}x-1$

   Help 기울기가 $-\dfrac{3}{4}$이므로 y절편에서 시작해서 x의 값을 4만큼 증가시키고 y의 값을 3만큼 감소시킨 점을 그리고 y절편과 연결한다.

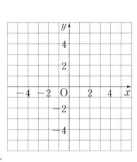

5. $y=3x-2$

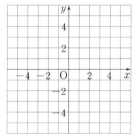

6. $y=-\dfrac{1}{3}x+4$

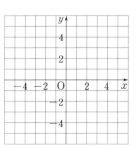

D 일차함수의 그래프와 x축, y축으로 둘러싸인 도형의 넓이

일차함수의 그래프와 x축, y축으로 둘러싸인 도형의 넓이는 x절편과 y절편을 이용하여 구하면 돼.
이때 주의할 것은 x절편 또는 y절편이 음수가 나와도 넓이를 구하는 것이므로 절댓값으로 곱해야 해. 잊지 말자. 꼬~옥! 🐛

■ 다음 일차함수의 그래프와 x축, y축으로 둘러싸인 도형의 넓이를 구하여라.

1. $y=x+4$

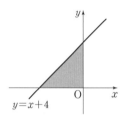

> **Help** x절편과 y절편을 이용하여 넓이를 구하는데 x절편 또는 y절편이 음수이더라도 절댓값으로 곱해야 돼.

2. $y=-2x+5$

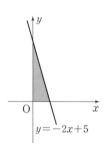

3. $y=\dfrac{1}{3}x+2$

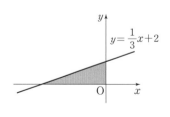

4. $y=-3x-6$

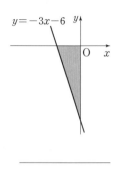

5. $y=4x-3$

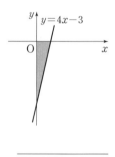

6. $y=-\dfrac{4}{5}x-4$

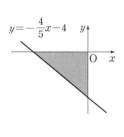

두 일차함수의 그래프와 x축 또는
y축으로 둘러싸인 도형의 넓이

y축 위에서 만나는 두 일차함수의 그래프와 x축으로 둘러싸인 도형의 넓이는 두 일차함수의 그래프의 x절편을 구해서 삼각형의 밑변을 구하고 y절편의 절댓값을 높이로 해서 구하면 돼.

아하! 그렇구나~

■ 다음 두 일차함수의 그래프와 x축으로 둘러싸인 도형의 넓이를 구하여라.

1. $y=-x+3$

$y=x+3$

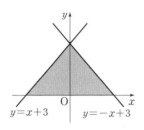

---

2. $y=3x-6$

$y=-\dfrac{3}{2}x-6$

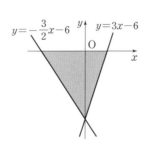

---

3. $y=-\dfrac{1}{2}x+2$

$y=\dfrac{2}{5}x+2$

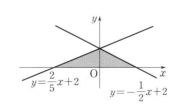

■ 다음 두 일차함수의 그래프와 y축으로 둘러싸인 도형의 넓이를 구하여라.

4. $y=-x+2$

$y=2x-4$

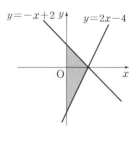

---

5. $y=x+4$

$y=-\dfrac{1}{4}x-1$

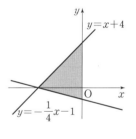

---

6. $y=2x-6$

$y=-\dfrac{5}{3}x+5$

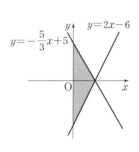

111

거저먹는 시험 문제

[1~2] 일차함수의 그래프 그리기

1. 다음 중 일차함수 $y=\dfrac{5}{3}x+10$의 그래프는?

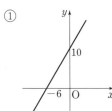
①

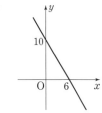
②

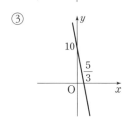
③

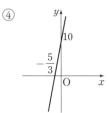
④

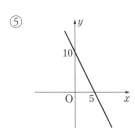
⑤

2. 다음 일차함수 중 그 그래프가 제1사분면을 지나지 않는 것은?

① $y=x-5$　　　　② $y=\dfrac{3}{4}x+1$

③ $y=-x-4$　　　④ $y=-\dfrac{1}{3}x+8$

⑤ $y=x-10$

[3~5] 일차함수의 그래프와 x축, y축으로 둘러싸인 도형의 넓이

3. 일차함수 $y=-4x-8$의 그래프가 오른쪽 그림과 같을 때, 색칠한 부분의 넓이는?

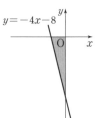

① 4　　　　② 8

③ 12　　　④ 16

⑤ 32

4. 일차함수 $y=-\dfrac{2}{3}x+6$의 그래프와 x축, y축으로 둘러싸인 도형의 넓이는?

① 14　　　② 18　　　③ 23

④ 25　　　⑤ 27

5. 오른쪽 그림과 같이 두 일차함수 $y=x+5$, $y=-\dfrac{5}{4}x+5$의 그래프가 y축 위에서 만날 때, 두 일차함수의 그래프와 x축으로 둘러싸인 도형의 넓이를 구하여라.

일차함수 $y=ax+b$의 그래프

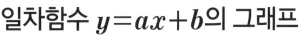

개념 강의 보기

● **일차함수 $y=ax+b$의 그래프의 성질**

① 기울기 a의 부호 : 그래프의 모양 결정

  • $a>0$일 때 : x의 값이 증가하면 y의 값도 증가 ⇨ 오른쪽 위로 향하는 직선

  • $a<0$일 때 : x의 값이 증가하면 y의 값은 감소 ⇨ 오른쪽 아래로 향하는 직선

② y절편 b의 부호 : 그래프가 y축과 만나는 부분 결정

  • $b>0$일 때 : y축과 양의 부분에서 만난다. (y절편이 양수)

  • $b<0$일 때 : y축과 음의 부분에서 만난다. (y절편이 음수)

$a>0, b>0$	$a>0, b<0$	$a<0, b>0$	$a<0, b<0$
증가 증가	증가 증가	증가 감소	증가 감소
제4사분면을 지나지 않는다.	제2사분면을 지나지 않는다.	제3사분면을 지나지 않는다.	제1사분면을 지나지 않는다.

바빠 꿀팁!

• 일차함수 $y=ax+b$의 그래프에서 a의 절댓값이 클수록 그래프는 y축에 가깝고, a의 절댓값이 작을수록 그래프는 x축에 가까워.

• 기울기가 같은 두 일차함수는 평행하거나 일치하지만 기울기가 다른 두 일차함수의 그래프는 y절편에 상관없이 한 점에서 만나게 돼.

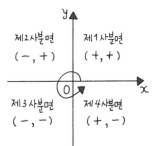

제2사분면 제1사분면
$(-, +)$ $(+, +)$

제3사분면 제4사분면
$(-, -)$ $(+, -)$

중1 때 배운 사분면 기억나지?

맞아, 기억나!

● **일차함수의 그래프의 평행, 일치**

① 기울기가 같은 두 일차함수의 그래프는 서로 평행하거나 일치한다.

  두 일차함수 $y=ax+b$와 $y=cx+d$에 대하여

  • 기울기는 같지만 y절편이 다를 때, 두 그래프는 평행

    ⇨ $a=c, b\neq d$

  • 기울기가 같고 y절편도 같을 때, 두 그래프는 일치

    ⇨ $a=c, b=d$

② 서로 평행한 두 일차함수의 그래프의 기울기는 서로 같다.

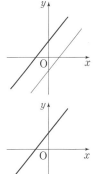

앗! 실수

일차함수 $y=-ax-b$의 그래프가 오른쪽 그림과 같다면 기울기는 양수이고, y절편은 음수이므로 $-a>0$, $-b<0$이 되어 $a<0, b>0$이 되는 거야.

시험에는 $y=ax+b$의 그래프를 묻는 문제보다는 이와 같이 변형된 일차함수의 부호를 묻는 문제가 출제되니 주의해야 해.

A 일차함수 $y=ax+b$의 그래프의 성질

일차함수 $y=ax+b$의 그래프의 성질
- $a>0$: x의 값이 증가하면 y의 값도 증가 ⇨ 오른쪽 위로 향하는 직선
- $a<0$: x의 값이 증가하면 y의 값은 감소 ⇨ 오른쪽 아래로 향하는 직선
- a의 절댓값이 클수록 그래프는 y축에 가까워져.

■ 다음 조건을 만족시키는 일차함수를 보기에서 모두 골라라.

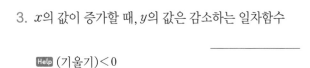

┌ 보 기 ┐
ㄱ. $y=2x+4$ ㄴ. $y=\frac{1}{3}x-2$
ㄷ. $y=-x+\frac{3}{4}$ ㄹ. $y=-5x-1$
ㅁ. $y=\frac{2}{5}x+4$

1. x의 값이 증가할 때, y의 값도 증가하는 일차함수

   _____

   Help (기울기)>0

2. 그래프가 오른쪽 위로 향하는 일차함수

   _____

3. x의 값이 증가할 때, y의 값은 감소하는 일차함수

   _____

   Help (기울기)<0

4. y축에 가장 가까운 그래프

   _____

   Help 기울기의 절댓값이 가장 큰 그래프

앗!실수

5. 그래프가 제3사분면을 지나지 않는 일차함수

   _____

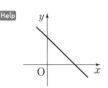

6. x의 값이 1만큼 증가할 때, y의 값은 1만큼 감소하는 일차함수

   _____

   Help (기울기)$=\frac{-1}{1}$

7. 그래프가 오른쪽 아래로 향하는 일차함수

   _____

8. x축에 가장 가까운 그래프

   _____

9. 제4사분면을 지나지 않는 그래프

   _____

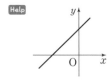

10. y축과 만나는 점의 좌표가 $(0,\ 4)$인 그래프

    _____

일차함수 $y=ax+b$의 그래프에서
• 오른쪽 위로 향하는 직선 ⇨ $a>0$
  오른쪽 아래로 향하는 직선 ⇨ $a<0$
• y축과 양의 부분에서 만난다. ⇨ $b>0$
  y축과 음의 부분에서 만난다. ⇨ $b<0$

■ 일차함수 $y=ax+b$의 그래프가 다음과 같을 때, □ 안에 알맞은 부등호를 써넣어라. (단, a, b는 상수)

1. a □ 0, b □ 0

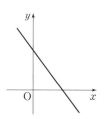

2. a □ 0, b □ 0

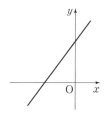

3. a □ 0, b □ 0

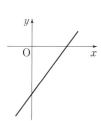

4. a □ 0, b □ 0

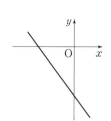

■ 일차함수 $y=-ax+b$의 그래프가 다음과 같을 때, □ 안에 알맞은 부등호를 써넣어라. (단, a, b는 상수)

5. a □ 0, b □ 0

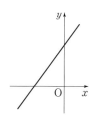

6. a □ 0, b □ 0

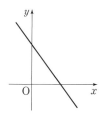

7. a □ 0, b □ 0

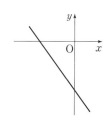

8. a □ 0, b □ 0

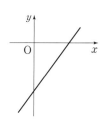

C 일차함수 $y=ax+b$의 그래프의
모양 2

$a>0, b>0 \Rightarrow a+b>0, ab>0$
$a<0, b<0 \Rightarrow a+b<0, ab>0$
$a>0, b<0 \Rightarrow a-b>0, ab<0$
$a<0, b>0 \Rightarrow a-b<0, ab<0$

■ 다음과 같이 a, b의 조건이 주어질 때, 일차함수 $y=ax+b$의 그래프가 지나지 <u>않는</u> 사분면을 구하여라. (단, a, b는 상수)

1. $a<0, b>0$

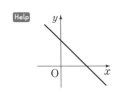

_____

2. $a>0, b>0$

_____

3. $a>0, b<0$

_____

4. $a<0, b<0$

_____

■ 일차함수 $y=ax+b$의 그래프에 대한 a, b의 조건이 보기와 같이 주어질 때, 다음 그래프의 모양에 알맞은 것을 보기에서 골라라. (단, a, b는 상수)

┌─ 보 기 ┌──────────────────────
ㄱ. $a+b<0, ab>0$ ㄴ. $a+b>0, ab>0$
ㄷ. $a-b>0, ab<0$ ㄹ. $a-b<0, ab<0$
└──────────────────────────────

5.

_____

Help $a<0, b<0 \Rightarrow a+b \square 0, ab \square 0$

6.

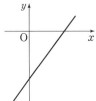

_____

Help $a>0, b<0 \Rightarrow a-b \square 0, ab \square 0$

7.

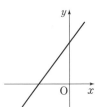

_____

8.

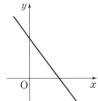

_____

D 일차함수의 그래프의 평행

두 일차함수 $y=ax+b$와 $y=cx+d$의 그래프에서
두 그래프가 평행하면 ⇨ $a=c$, $b≠d$

잊지 말자. 꼬~옥!

■ 다음 두 일차함수의 그래프가 평행하기 위한 상수 a의 값을 구하여라.

1. $y=x+4$, $y=ax+7$

   _____

   Help 기울기가 같게 되는 a의 값을 구한다.

2. $y=-2x+5$, $y=ax-11$

   _____

3. $y=ax-4$, $y=\frac{1}{5}x+1$

   _____

4. $y=3ax+\frac{1}{2}$, $y=6x+\frac{3}{4}$

   _____

5. $y=-5x+3$, $y=\frac{a}{2}x-5$

   _____

■ 그래프가 다음 일차함수의 그래프와 그 그래프가 평행한 일차함수를 보기에서 골라라.

┌─ 보 기 ┐

ㄱ. $y=-5x+4$　　　ㄴ. $y=3x-2$

ㄷ. $y=-\frac{1}{3}x+\frac{3}{4}$　　ㄹ. $y=4x+\frac{3}{2}$

ㅁ. $y=\frac{5}{6}x-1$

6. $y=4x-1$

   _____

7. $y=3x-7$

   _____

8. $y=\frac{5}{6}x+\frac{3}{2}$

   _____

9. $y=-5x+\frac{3}{4}$

   _____

10. $y=-\frac{1}{3}x+2$

   _____

두 일차함수 $y=ax+b$와 $y=cx+d$의 그래프에서
두 그래프가 일치하면 $\Rightarrow a=c,\, b=d$

잊지 말자. 꼬~옥!

■ 다음 두 일차함수의 그래프가 일치하기 위한 상수 a, b의 값을 각각 구하여라.

1. $y=-x+b,\, y=ax+5$

_____

2. $y=-4x+b,\, y=ax-8$

_____

3. $y=ax+b,\, y=-7x-12$

_____

4. $y=ax-\dfrac{1}{2},\, y=-\dfrac{2}{3}x+b$

_____

5. $y=-\dfrac{5}{7}x+b,\, y=ax+\dfrac{7}{10}$

_____

6. $y=2ax+b,\, y=6x+\dfrac{3}{5}$

_____

7. $y=-3ax-15,\, y=12x+5b$

_____

8. $y=4ax+3b,\, y=\dfrac{1}{2}x-12$

_____

9. $y=\dfrac{a}{2}x+\dfrac{b}{3},\, y=-6x+1$

_____

10. $y=\dfrac{7}{8}x+4b,\, y=\dfrac{a}{4}x-6$

_____

적중률 90%

[1] 일차함수 $y=ax+b$의 그래프의 성질

앤실수

1. 다음 중 일차함수 $y=-2x+\dfrac{2}{3}$의 그래프에 대한 설명으로 옳지 <u>않은</u> 것은?

   ① x의 값이 2만큼 증가하면 y의 값은 4만큼 감소한다.

   ② x절편은 3, y절편은 $\dfrac{2}{3}$이다.

   ③ 제3사분면을 지나지 않는다.

   ④ 오른쪽 아래로 향하는 직선이다.

   ⑤ 점 $\left(1, -\dfrac{4}{3}\right)$를 지난다.

적중률 90%

[2~3] 일차함수 $y=ax+b$의 그래프의 모양

2. 일차함수 $y=-ax-b$의 그래프가 오른쪽 그림과 같을 때, 상수 a, b의 부호는?

   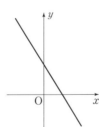

   ① $a>0, b>0$

   ② $a>0, b<0$

   ③ $a<0, b>0$

   ④ $a<0, b<0$

   ⑤ $a>0, b=0$

3. 다음 일차함수 중 그 그래프가 y축에 가장 가까운 것은?

   ① $y=-2x+3$ 　　　② $y=\dfrac{2}{3}x-2$

   ③ $y=3x+\dfrac{1}{2}$ 　　　④ $y=-\dfrac{10}{3}x+8$

   ⑤ $y=-4x+7$

적중률 80%

[4~6] 일차함수의 그래프의 평행, 일치

4. 다음 일차함수 중 그 그래프가 일차함수 $y=-4x+6$의 그래프와 평행한 것은?

   ① $y=4x+1$ 　　　② $y=-4x+6$

   ③ $y=-4x+\dfrac{1}{4}$ 　　　④ $y=-\dfrac{1}{4}x+6$

   ⑤ $y=-4\left(x-\dfrac{3}{2}\right)$

5. 일차함수 $y=ax+2$의 그래프는 일차함수 $y=-\dfrac{3}{4}x+1$의 그래프와 평행하고, 점 $(1, b)$를 지난다. 이때 $a+b$의 값을 구하여라. (단, a는 상수)

6. 일차함수 $y=ax+3$의 그래프를 y축의 방향으로 -4만큼 평행이동하면 일차함수 $y=-5x+b$의 그래프와 일치할 때, $a+b$의 값은? (단, a, b는 상수)

   ① -6 　　　② -4 　　　③ -1

   ④ 1 　　　⑤ 2

17 일차함수의 식 구하기

개념 강의 보기

● **기울기와 y절편이 주어질 때, 일차함수의 식 구하기**

기울기가 a이고, y절편이 b인 직선을 그래프로 하는 일차함수의 식은
$y=ax+b$이다

바빠 꿀팁!

x절편이 m, y절편이 n으로 주어질 때, 좌표를 이용하여 기울기를 구해도 되지만 $-\dfrac{n}{m}$으로 외우면 문제 푸는 속도가 훨씬 빨라져.

● **기울기와 한 점이 주어질 때, 일차함수의 식 구하기**

기울기가 a이고, 한 점 $(x_1,\ y_1)$을 지나는 직선을 그래프로 하는 일차함수의 식은 다음과 같이 구한다.

① 기울기가 a이므로 $y=ax+b$로 놓는다.

② $y=ax+b$에 $x=x_1$, $y=y_1$을 대입하여 b의 값을 구한다.

● **서로 다른 두 점이 주어질 때, 일차함수의 식 구하기**

서로 다른 두 점 $(x_1,\ y_1)$, $(x_2,\ y_2)$를 지나는 직선을 그래프로 하는 일차함수의 식은 다음과 같이 구한다.

① 두 점을 지나는 기울기 a를 구한다. ⇨ $a=\dfrac{y_2-y_1}{x_2-x_1}=\dfrac{y_1-y_2}{x_1-x_2}$

일차함수의 식은 무조건 기울기와 y절편만 알면 돼!

② $y=ax+b$로 놓고, 두 점 중 계산이 쉬운 한 점의 좌표를 대입하여 b의 값을 구한다.

두 점 $(2,\ 5)$, $(4,\ 11)$을 지나는 직선을 그래프로 하는 일차함수의 식을 구해 보자.

두 점을 지나는 직선의 기울기가 $\dfrac{11-5}{4-2}=3$이므로 구하는 식을 $y=3x+b$로
놓으면 점 $(2,\ 5)$를 지나므로 $5=3\times2+b$ ∴ $b=-1$

따라서 구하는 일차함수의 식은 $y=3x-1$

● **x절편과 y절편이 주어질 때, 일차함수의 식 구하기**

x절편이 m, y절편이 n인 직선을 그래프로 하는 일차함수의 식은 다음과 같이 구한다.

① 두 점 $(m,\ 0)$, $(0,\ n)$을 지나는 직선의 기울기를 구한다. ⇨ $\dfrac{n-0}{0-m}=-\dfrac{n}{m}$

② y절편은 n이므로 구하는 일차함수의 식은 $y=-\dfrac{n}{m}x+n$

x절편이 4이고, y절편이 5인 직선을 그래프로 하는 일차함수의 식은 두 점

$(4,\ 0)$, $(0,\ 5)$를 지나므로 직선의 기울기가 $\dfrac{5-0}{0-4}=-\dfrac{5}{4}$

y절편은 5이므로 구하는 일차함수의 식은 $y=-\dfrac{5}{4}x+5$

A 기울기와 y절편이 주어질 때, 일차함수의 식 구하기

x의 값이 3만큼 증가할 때 y의 값이 2만큼 감소하고, y절편이 1인 일차함수의 식은 (기울기)$=\dfrac{-2}{3}$이므로

$$y=-\dfrac{2}{3}x+1$$

■ 기울기와 y절편이 다음과 같은 직선을 그래프로 하는 일차함수의 식을 구하여라.

1. 기울기 : 2, y절편 : -1

    $y=ax+b$
    기울기 y절편

2. 기울기 : -3, y절편 : 2

    _____

3. 기울기 : 5, y절편 : $-\dfrac{1}{2}$

    _____

4. 기울기 : $\dfrac{3}{4}$, y절편 : -5

    _____

5. 기울기 : $-\dfrac{5}{2}$, y절편 : -3

    _____

앗실수

■ 다음과 같은 직선을 그래프로 하는 일차함수의 식을 구하여라.

6. x의 값이 1만큼 증가할 때 y의 값이 3만큼 감소하고, y절편이 2인 직선

    _____

    Help (기울기)$=\dfrac{-3}{1}=-3$

7. x의 값이 4만큼 증가할 때 y의 값이 1만큼 증가하고, y절편이 -1인 직선

    _____

8. x의 값이 3만큼 감소할 때 y의 값이 6만큼 증가하고, y절편이 5인 직선

    _____

9. x의 값이 5만큼 감소할 때 y의 값이 3만큼 감소하고, y절편이 -4인 직선

    _____

10. x의 값이 7만큼 증가할 때 y의 값이 2만큼 감소하고, y절편이 6인 직선

    _____

기울기가 2이고 점 $(3, 1)$을 지나는 직선을 그래프로 하는 일차함수의 식은

① 기울기가 2이므로 $y=2x+b$로 놓고
② $y=2x+b$에 $x=3$, $y=1$을 대입하면 $b=-5$이므로 $y=2x-5$

아하! 그렇구나~ 🐡

■ 기울기와 지나는 한 점의 좌표가 다음과 같은 직선을 그래프로 하는 일차함수의 식을 구하여라.

1. 기울기 : -4, $(1, 2)$

　　Help $y=-4x+b$로 놓고 점 $(1, 2)$를 대입한다.

2. 기울기 : 6, $(2, 4)$

3. 기울기 : -3, $(-1, 5)$

4. 기울기 : $-\dfrac{3}{2}$, $(4, -5)$

5. 기울기 : $\dfrac{4}{3}$, $(4, 3)$

■ 다음과 같은 직선을 그래프로 하는 일차함수의 식을 구하여라.

6. 일차함수 $y=-2x+1$의 그래프와 평행하고, 점 $(1, 1)$을 지나는 직선

　　Help 기울기가 -2이다.

7. 일차함수 $y=4x-3$의 그래프와 평행하고, 점 $(2, -2)$를 지나는 직선

8. 일차함수 $y=-5x+3$의 그래프와 평행하고, 점 $(-3, 4)$를 지나는 직선

9. 일차함수 $y=-\dfrac{1}{2}x+1$의 그래프와 평행하고, 점 $(3, -6)$을 지나는 직선

10. 일차함수 $y=\dfrac{5}{3}x+1$의 그래프와 평행하고, 점 $(6, 2)$를 지나는 직선

C 서로 다른 두 점이 주어질 때, 일차함수의 식 구하기

두 점 $(3, 2)$, $(5, -4)$를 지나는 직선을 그래프로 하는 일차함수의 식은

① 기울기를 구하면 $\dfrac{-4-2}{5-3}=-3$이므로 $y=-3x+b$로 놓고

② $y=-3x+b$에 $x=3$, $y=2$를 대입하면 $b=11$이므로

$\quad y=-3x+11$

아하! 그렇구나~

앗 실수

■ 다음 두 점을 지나는 직선을 그래프로 하는 일차함수의 식을 구하여라.

1. $(1, 2)$, $(3, 6)$

Help (기울기)$=\dfrac{6-2}{3-1}=2$이므로 $y=2x+b$로 놓고 두 점 중 한 점을 대입한다.

2. $(-1, 3)$, $(-3, 7)$

3. $(-2, 5)$, $(1, -4)$

4. $(-5, 1)$, $(-1, 13)$

5. $(-2, -3)$, $(-4, 5)$

6. $(-7, 0)$, $(1, 4)$

7. $(-3, 2)$, $(3, 4)$

8. $(2, -8)$, $(3, -5)$

9. $(-10, 5)$, $(-6, -1)$

10. $(1, 2)$, $(-2, 17)$

• 점 $(1, 4)$를 지나고, x절편이 3으로 주어진 경우
⇨ 두 점 $(1, 4)$, $(3, 0)$을 지나는 직선을 그래프로 하는 일차함수의 식을 구해.
• 점 $(-1, 3)$을 지나고, y절편이 2로 주어진 경우
⇨ 두 점 $(-1, 3)$, $(0, 2)$를 지나는 직선을 그래프로 하는 일차함수의 식을 구하면 되는데 y절편은 주어졌으므로 기울기만 구하면 돼.

■ 지나는 한 점의 좌표와 x절편이 다음과 같은 직선을 그래프로 하는 일차함수의 식을 구하여라.

1. $(-1, 3)$, x절편 : 2

   ＿＿＿＿＿＿＿＿＿＿
   Help 두 점 $(-1, 3)$, $(2, 0)$을 지나는 직선을 그래프로 하는 일차함수의 식을 구한다.

2. $(2, 10)$, x절편 : -3

   ＿＿＿＿＿＿＿＿＿＿

3. $(-5, 3)$, x절편 : 4

   ＿＿＿＿＿＿＿＿＿＿

4. $(-3, 8)$, x절편 : 1

   ＿＿＿＿＿＿＿＿＿＿

5. $(7, 9)$, x절편 : -2

   ＿＿＿＿＿＿＿＿＿＿

■ 지나는 한 점의 좌표와 y절편이 다음과 같은 직선을 그래프로 하는 일차함수의 식을 구하여라.

6. $(2, -4)$, y절편 : 10

   ＿＿＿＿＿＿＿＿＿＿
   Help 두 점 $(2, -4)$, $(0, 10)$을 지나는 직선의 기울기를 구하고 y절편을 이용하여 일차함수의 식을 구한다.

7. $(1, 5)$, y절편 : -8

   ＿＿＿＿＿＿＿＿＿＿

8. $(-6, 2)$, y절편 : -4

   ＿＿＿＿＿＿＿＿＿＿

9. $(-8, 1)$, y절편 : 2

   ＿＿＿＿＿＿＿＿＿＿

10. $(4, 5)$, y절편 : -7

   ＿＿＿＿＿＿＿＿＿＿

E x절편과 y절편이 주어질 때, 일차함수의 식 구하기

x절편이 3, y절편이 6인 직선을 그래프로 하는 일차함수의 식을 구해 보자.

두 점 $(3,\ 0)$, $(0,\ 6)$을 지나는 직선의 기울기는 $\dfrac{6-0}{0-3}=-2$

따라서 기울기가 -2이고 y절편이 6이므로 $y=-2x+6$

■ x절편과 y절편이 다음과 같은 직선을 그래프로 하는 일차함수의 식을 구하여라.

1. x절편 : -1, y절편 : 4

　_____

Help 두 점 $(-1,\ 0)$, $(0,\ 4)$를 지나는 직선의 기울기를 구하고 y절편을 이용하여 일차함수의 식을 구한다.

2. x절편 : 3, y절편 : -2

　_____

3. x절편 : 4, y절편 : 8

　_____

4. x절편 : -5, y절편 : 2

　_____

5. x절편 : 2, y절편 : -10

　_____

6. x절편 : -6, y절편 : -3

　_____

7. x절편 : 4, y절편 : -4

　_____

8. x절편 : -2, y절편 : 8

　_____

9. x절편 : 1, y절편 : -7

　_____

10. x절편 : 9, y절편 : -3

　_____

[1~6] 일차함수의 식 구하기

1. 두 점 $(-3, -6), (2, 4)$를 지나는 직선과 평행하고 y절편이 6인 직선을 그래프로 하는 일차함수의 식을 구하여라.

2. 앗실수 적중률 80%
일차함수 $y=-3x+7$의 그래프와 평행하고 일차함수 $y=\frac{1}{8}x-4$의 그래프와 y축 위에서 만나는 직선을 그래프로 하는 일차함수의 식은?

① $y=-3x-4$ ② $y=\frac{1}{8}x+7$

③ $y=-3x+\frac{1}{8}$ ④ $y=3x-4$

⑤ $y=-\frac{1}{8}x-4$

3. 기울기가 $\frac{1}{3}$이고, y절편이 5인 직선이 점 $(k, k+3)$을 지날 때, k의 값은?

① -5 ② -4 ③ -2

④ 2 ⑤ 3

적중률 90%
4. 일차함수 $y=9x-1$의 그래프와 평행하고 점 $(-1, -4)$를 지나는 직선을 그래프로 하는 일차함수의 식은?

① $y=-9x-1$ ② $y=9x+5$

③ $y=\frac{1}{9}x-1$ ④ $y=-\frac{1}{9}x-1$

⑤ $y=9x-4$

적중률 90%
5. 두 점 $(-4, 1), (-2, 13)$을 지나는 직선을 그래프로 하는 일차함수의 식을 $y=ax+b$라 할 때, 상수 a, b에 대하여 $b-4a$의 값을 구하여라.

6. 오른쪽 그림과 같은 직선을 그래프로 하는 일차함수의 식은?

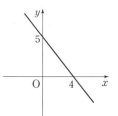

① $y=4x+5$

② $y=5x+4$

③ $y=-\frac{5}{4}x+5$

④ $y=\frac{5}{4}x+5$

⑤ $y=\frac{4}{5}x+4$

18 일차함수의 활용

개념 강의 보기

● **일차함수를 활용하여 문제를 해결하는 순서**

① 변하는 두 양을 x, y로 놓는다.

② x와 y 사이의 관계식을 세운다.

③ 함숫값이나 그래프를 이용하여 주어진 조건에 맞는 값을 구한다.

④ 구한 값이 문제의 뜻에 맞는지 확인한다.

● **여러 가지 일차함수의 활용**

① 온도에 대한 일차함수의 활용 : 처음 온도가 a ℃, 1분 동안의 온도 변화가 b ℃일 때, x분 후의 온도를 y ℃라 하면 $y=a+bx$

② 물의 양에 대한 일차함수의 활용 : 처음 물의 양이 a L, 1분 동안의 물의 양의 변화가 b L일 때, x분 후의 물의 양을 y L라 하면 $y=a+bx$

> **바빠 꿀팁!**
>
> 처음에 주어진 값이 y절편이 되는 경우가 많아. 처음에 주어진 양초의 길이, 용수철의 길이, 물의 양 등은 모두 일차함수 식의 y절편이야. 변화하는 양은 기울기의 값을 구하는 조건이야.

● **길이에 대한 일차함수의 활용**

길이가 20 cm인 양초에 불을 붙이면 1분에 2 cm씩 길이가 짧아진다고 한다. x분 후에 남은 양초의 길이를 y cm라 할 때, x와 y 사이의 관계식을 구해 보자.

① y절편 정하기	처음 양초의 길이 20 cm가 y절편이다.
② 기울기 구하기	1분에 2 cm씩 짧아지므로 x분 후에는 $2x$ cm 짧아진다.
③ x와 y 사이의 관계식 구하기	$y=20-2x$

● **도형에서의 일차함수의 활용**

오른쪽 그림과 같은 직사각형 ABCD에서 점 P가 점 B를 출발하여 $\overline{BC}$를 따라 점 C까지 매초 3 cm의 속력으로 움직이고 있다. 점 P가 점 B를 출발한 지 x초 후의 삼각형 ABP의 넓이를 y cm²라 할 때, x와 y 사이의 관계식을 구해 보자.

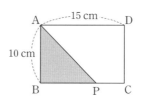

① 높이 구하기	10 cm
② 밑변의 길이 구하기	1초에 3 cm씩 움직이므로 x초 후에는 $3x$ cm 움직인다.
③ x와 y 사이의 관계식 구하기	$y=\dfrac{1}{2}\times10\times3x=15x$ (단, $0<x\leq5$)

문제에 주어진 단위를 변환시켜 보면

10 g에 2 cm씩 늘어난다면 ⇨ 1 g에 0.2 cm 늘어나고 ⇨ x g에 $0.2x$ cm 늘어나게 돼.

3분에 12 L씩 줄어든다면 ⇨ 1분에 4 L 줄어들고 ⇨ x분에 $4x$ L 줄어들게 돼.

처음 온도는 a℃이고 1분이 지날 때마다 b℃의 온도 변화가 있을 때, x분 후의 온도를 y℃라 하면
$y=a+bx$
└─ 온도가 올라가면 $b>0$, 내려가면 $b<0$
이 정도는 암기해야 해~ 암암!

■ 지면으로부터 10 km까지는 1 km씩 높아질 때마다 기온이 6℃씩 내려간다고 한다. 지면의 기온이 20℃이고 지면으로부터의 높이가 x km인 지점의 기온을 y℃라 할 때, 다음 물음에 답하여라.

1. 1 km씩 높아질 때마다 기온이 6℃씩 내려가므로 x km 높아질 때 내려가는 기온을 구하여라.

———————————

2. 문제에 주어진 지면의 기온을 말하여라.

———————————

3. x와 y 사이의 관계식을 구하여라.

———————————

4. 높이가 5 km인 지점에서의 기온을 구하여라.

———————————

　Help　$x=5$를 대입한다.

5. 기온이 8℃인 지점에서의 높이를 구하여라.

———————————

■ 공기 중에서 소리의 속력은 기온이 0℃일 때 초속 331 m이고 기온이 1℃씩 올라갈 때마다 초속 0.6 m씩 증가한다고 한다. 기온이 x℃일 때의 소리의 속력을 초속 y m라 할 때, 다음 물음에 답하여라.

6. 기온이 1℃씩 올라갈 때마다 초속 0.6 m씩 증가하므로 x℃ 올라갈 때 증가하는 소리의 속력을 구하여라.

———————————

7. 문제에 주어진 기온이 0℃일 때의 소리의 속력을 말하여라.

———————————

8. x와 y 사이의 관계식을 구하여라.

———————————

9. 기온이 15℃일 때의 소리의 속력을 구하여라.

———————————

　Help　$x=15$를 대입한다.

10. 소리의 속력이 초속 337 m일 때의 기온을 구하여라.

———————————

처음 길이는 $a$cm이고, 1분이 지날 때마다 $b$cm의 길이 변화가 있을 때, x분 후의 길이를 $y$cm라 하면

$y = a + bx$
└─ 길이가 늘어나면 $b > 0$, 줄어들면 $b < 0$

이 정도는 암기해야 해~ 암암!

■ 길이가 8cm인 용수철은 매 단 추의 무게가 10g씩 증가할 때마다 길이가 2cm씩 늘어난다고 한다. 무게가 xg인 추를 매달았을 때의 용수철의 길이를 $y$cm라 할 때, 다음 물음에 답하여라.

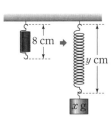

1. 추의 무게가 10g씩 증가할 때마다 용수철의 길이가 2cm씩 늘어나므로 1g씩 증가할 때는 몇 cm 늘어나는가?

_____

Help 2cm의 $\frac{1}{10}$ 을 구한다.

2. 추의 무게가 xg 증가했을 때는 용수철의 길이가 몇 cm 늘어나는가?

_____

3. x와 y 사이의 관계식을 구하여라.

_____

4. 추의 무게가 15g일 때, 용수철의 길이는 몇 cm가 되는가?

_____

5. 용수철의 길이가 20cm일 때, 추의 무게를 구하여라.

_____

■ 길이가 30cm인 양초에 불을 붙이면 4분에 1cm씩 길이가 짧아진다고 한다. x분 후에 남은 양초의 길이를 $y$cm라 할 때, 다음 물음에 답하여라.

6. 4분에 1cm씩 길이가 짧아지면 1분에는 몇 cm 짧아지는가?

_____

Help 1cm의 $\frac{1}{4}$ 을 구한다.

7. x분에는 몇 cm 짧아지는지 구하여라.

_____

8. x와 y 사이의 관계식을 구하여라.

_____

9. 불을 붙인 지 16분 후의 양초의 길이를 구하여라.

_____

10. 양초의 길이가 5cm일 때는 양초에 불을 붙인 지 몇 분 후인지 구하여라.

_____

처음 물의 양은 aL이고, 1분이 지날 때마다 bL의 물의 양의 변화가 있을 때, x분 후의 물의 양을 yL라 하면

$$y = a + bx$$

└─ 물의 양이 늘어나면 $b > 0$, 줄어들면 $b < 0$

아하! 그렇구나~ 😮!

■ 100L의 물이 들어 있는 원기둥 모양의 물통에서 3분에 12L의 일정한 물을 내보낸다. 물을 내보내기 시작한 지 x분 후에 물통에 남은 물의 양을 yL라 할 때, 다음 물음에 답하여라.

1. 3분에 12L의 일정한 물을 내보내므로 1분에는 몇 L의 물을 내보내는지 구하여라.

　

2. x분 후에는 몇 L의 물을 내보내는지 구하여라.

　

3. x와 y 사이의 관계식을 구하여라.

　

4. 20분 후에 남은 물의 양을 구하여라.

　

5. 물통에 남은 물의 양이 60L일 때는 물을 내보내기 시작한 지 몇 분 후인지 구하여라.

　

■ 1L의 휘발유로 9km를 달릴 수 있는 자동차가 있다. 이 자동차에 45L의 휘발유를 넣고 $x$km를 달린 후에 남은 휘발유의 양을 yL라 할 때, 다음 물음에 답하여라.

6. 1km를 달릴 때, 몇 L의 휘발유를 사용하는지 구하여라.

　

7. $x$km를 달릴 때, 몇 L의 휘발유를 사용하는지 구하여라.

　

8. x와 y 사이의 관계식을 구하여라.

　

9. 108km를 달린 후에 남은 휘발유의 양을 구하여라.

　

10. 남은 휘발유의 양이 37L일 때, 몇 km를 달린 것인지 구하여라.

(거리)=(속력)×(시간)임을 이용하여 x와 y 사이의 관계식을 구하면 돼.

아하! 그렇구나~

■ 용환이는 집에서 거리가 300 km 떨어진 할머니 댁을 향해 자동차를 타고 분속 $\frac{3}{2}$ km로 달리고 있다. 집에서 출발한 지 x분 후의 할머니 댁까지 남은 거리를 y km라 할 때, 다음 물음에 답하여라.

1. x분에는 몇 km를 달리는지 구하여라.

_____

2. x와 y 사이의 관계식을 구하여라.

_____

Help 처음 거리가 300 km이고 거리는 점점 줄어들기 때문에 기울기의 값은 음수이다.

3. 출발한 지 40분 후에 할머니 댁까지 남은 거리를 구하여라.

_____

4. 할머니 댁까지 120 km 남았을 때, 몇 분 동안 달렸는지 구하여라.

_____

5. 할머니 댁까지 도착했을 때 걸린 시간을 구하여라.

_____

Help $y=0$일 때의 x의 값이다.

■ 서울에서 630 km 떨어진 제주도 남쪽 해상에 있는 태풍이 계속해서 시속 30 km의 속력으로 서해 상을 따라 서울 쪽으로 북상하고 있다. x시간 후 태풍과 서울 사이의 거리를 y km라 할 때, 다음 물음에 답하여라.(단, 태풍의 이동 경로는 직선이다.)

6. x시간에 태풍이 몇 km를 북상하는지 구하여라.

_____

7. x와 y 사이의 관계식을 구하여라.

_____

8. 9시간 후에 태풍과 서울 사이의 거리를 구하여라.

_____

9. 태풍과 서울 사이의 거리가 210 km 남았을 때는 태풍이 북상한 지 몇 시간 후인지 구하여라.

_____

10. 태풍이 서울에 도착하는 것은 몇 시간 후인지 구하여라.

_____

Help $y=0$일 때의 x의 값이다.

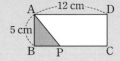

E 도형에서의 일차함수의 활용

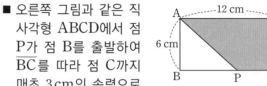
앗실수

■ 오른쪽 그림과 같은 직사각형 ABCD에서 점 P가 점 B를 출발하여 $\overline{BC}$를 따라 점 C까지 매초 2cm의 속력으로 움직이고 있다. 점 P가 점 B를 출발한 지 x초 후의 삼각형 ABP의 넓이를 $y\,\text{cm}^2$라 할 때, 다음 물음에 답하여라. (단, $0<x\le 4$)

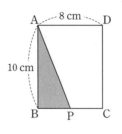

1. 점 P가 매초 2cm의 속력으로 움직이고 있으므로 x 초 후에는 몇 cm를 움직였는지 구하여라.

_____

2. 점 P가 점 B를 출발한 지 x초 후의 $\overline{BP}$의 길이를 구하여라.

_____

3. x와 y 사이의 관계식을 구하여라.

_____

4. 점 P가 점 B를 출발한 지 4초 후의 삼각형 ABP의 넓이를 구하여라.

_____

5. 삼각형 ABP의 넓이가 20cm²일 때는 점 P가 점 B를 출발한 지 몇 초 후인지 구하여라.

_____

■ 오른쪽 그림과 같은 직사각형 ABCD에서 점 P가 점 B를 출발하여 $\overline{BC}$를 따라 점 C까지 매초 3cm의 속력으로 움직이고 있다. 점 P가 점 B를 출발한지 x초 후의 사각형 APCD의 넓이를 $y\,\text{cm}^2$라 할 때, 다음 물음에 답하여라. (단, $0<x\le 4$)

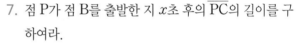

6. 점 P가 매초 3cm의 속력으로 움직이고 있으므로 x 초 후에는 몇 cm를 움직였는지 구하여라.

_____

7. 점 P가 점 B를 출발한 지 x초 후의 $\overline{PC}$의 길이를 구하여라.
   Help $\overline{PC}=12-\overline{BP}$

_____

8. x와 y 사이의 관계식을 구하여라.

_____

9. 3초 후의 넓이를 구하여라.

_____

10. 사각형 APCD의 넓이가 36cm²일 때는 점 P가 점 B를 출발한 지 몇 초 후인지 구하여라.

_____

[1~6] 일차함수의 활용

적중률 90%

1. 길이가 20 cm인 양초에 불을 붙이면 4분에 2 cm가 짧아진다고 한다. 이 양초의 길이가 14 cm가 되는 것은 불을 붙인 지 몇 분 후인가?

① 12분　　② 19분　　③ 20분
④ 24분　　⑤ 28분

적중률 80%

2. 길이가 12 cm인 용수철은 무게가 10 g인 물건을 매달 때마다 길이가 4 cm씩 늘어난다. 이 용수철의 길이가 36 cm가 되었을 때, 물건의 무게를 구하여라.

3. 비커에 100 ℃의 물이 들어 있다. 이 비커를 실온에 두면 물의 온도가 5분에 10 ℃ 내려간다. 물의 온도가 64 ℃이면 실온에 둔 지 몇 분 후인가?

① 8분　　② 10분　　③ 12분
④ 18분　　⑤ 20분

 적중률 90%

4. 1 L의 휘발유로 10 km를 달릴 수 있는 자동차가 있다. 이 자동차에 40 L의 휘발유를 넣고 x km를 달린 후에 남은 휘발유의 양을 y L라 할 때, 180 km를 달린 후에 남은 휘발유의 양을 구하여라.

5. 지윤이는 10 km 단축마라톤 대회에 참가하여 분속 240 m로 달리고 있다. 출발한 지 x분 후에 지윤이의 위치에서 결승점까지의 거리를 y m라 할 때, x와 y 사이의 관계식은?

① $y=10x-240$　　② $y=10-240x$
③ $y=240x$　　④ $y=10000+240x$
⑤ $y=10000-240x$

6. 오른쪽 그림과 같은 직사각형 ABCD에서 점 P가 점 A를 출발하여 $\overline{AD}$를 따라 점 D까지 매초 $\frac{1}{2}$ cm의 속력으로 움직이고 있다. 점 P가 점 A를 출발한 지 x초 후의 삼각형 ABP의 넓이를 y cm^{2}라 할 때, 삼각형 ABP의 넓이가 16 cm^{2}가 되는 것은 점 P가 점 A를 출발한 지 몇 초 후인가?

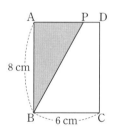

(단, $0<x\leq12$)

① 5초　　② 7초　　③ 8초
④ 10초　　⑤ 12초

19 일차함수와 일차방정식

● 미지수가 2개인 일차방정식의 그래프

미지수가 2개인 일차방정식의 해의 순서쌍 (x, y)를 좌표평면 위에 나타낸 것

① x, y의 값이 자연수 또는 정수일 때, 점으로 나타난다.

② x, y의 값의 범위가 수 전체일 때, 직선이 된다.

일차방정식 $x+y=4$에서 그래프는

바빠 꿀팁!

일차방정식을 일차함수의 식으로
나타낼 때는
• 좌변에 y항만 남기고 모두 우변
  으로 이항하고
• y의 계수로 양변을 나누어
  '$y=$~'꼴로 나타내면 돼.

• x, y의 값이 자연수일 때   • x, y의 값의 범위가 수 전체일 때

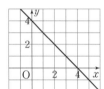

● 직선의 방정식

x, y의 값의 범위가 수 전체일 때, 일차방정식

$ax+by+c=0$ (a, b, c는 상수, $a\neq 0$ 또는 $b\neq 0$)의 해는 무수히 많고, 이

해 (x, y)를 좌표로 하는 점을 좌표평면 위에 나타내면 직선이 된다. 이때

$ax+by+c=0$을 직선의 방정식이라 한다.

● 일차방정식과 일차함수의 그래프

미지수가 2개인 일차방정식 $ax+by+c=0$ (a, b, c는 상수, $a\neq 0, b\neq 0$)의

그래프는 일차함수 $y=-\dfrac{a}{b}x-\dfrac{c}{b}$ (a, b, c는 상수, $a\neq 0, b\neq 0$)의 그래프와

같은 직선이다.

$$ax+by+c=0\,(a\neq 0, b\neq 0) \underset{\text{일차방정식}}{\overset{\text{일차함수}}{\longleftrightarrow}} y=-\frac{a}{b}x-\frac{c}{b}\,(a\neq 0, b\neq 0)$$

일차방정식 $4x+y-5=0$의 그래프는 일차함수 $y=-4x+5$의 그래프와 같

은 직선이다.

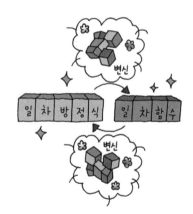

 앗! 실수

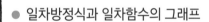

일차방정식 $ax+by-3=0$을 일차함수로 나타내면 $y=-\dfrac{a}{b}x+\dfrac{3}{b}$

오른쪽 그림에서 y절편이 양수이므로 $\dfrac{3}{b}>0$ $\therefore b>0$

기울기가 음수이므로 $-\dfrac{a}{b}<0$, 즉 $\dfrac{a}{b}>0$인데 $b>0$이므로 $a>0$

이와 같이 그래프의 모양을 보고 a, b의 부호를 정할 때는 일차방정식을 일차함수의 모양으로 바꾸고
그래프의 모양으로 기울기와 y절편의 부호를 결정해야 해.

일차방정식을 $y=ax+b$의 모양으로 나타낼 때는
① 좌변에는 y항만 남기고 다른 항은 모두 우변으로 옮기고
② y의 계수로 모든 항을 나누면 돼.

아하! 그렇구나~

■ 다음 일차방정식을 $y=ax+b$의 꼴로 나타내어라.

1. $2x+y-1=0$

　　　　　　　　　　————————————

2. $-3x+y+5=0$

　　　　　　　　　　————————————

3. $5x-y+6=0$

　　　　　　　　　　————————————

4. $4x-y+3=0$

　　　　　　　　　　————————————

5. $7x-y+9=0$

　　　　　　　　　　————————————

6. $4x+2y+8=0$

　　　　　　　　　　————————————

7. $-3x+3y+9=0$

　　　　　　　　　　————————————

8. $5x-4y-12=0$

　　　　　　　　　　————————————

9. $-8x-5y+20=0$

　　　　　　　　　　————————————

10. $21x-3y-7=0$

　　　　　　　　　　————————————

일차방정식 $4x+2y-3=0$을 $y=ax+b$의 꼴로 나타내면 $y=-2x+\dfrac{3}{2}$이므로 기울기가 -2이고 y절편이 $\dfrac{3}{2}$인 일차함수의 식이 돼. 아하! 그렇구나~

■ 다음 중 일차방정식 $-8x-2y+10=0$의 그래프에 대한 설명으로 옳은 것은 ○를, 옳지 <u>않은</u> 것은 ×를 하여라.

1. x절편은 $\dfrac{5}{4}$이고, y절편은 5이다.

_____

2. 오른쪽 위로 향하는 직선이다.

_____

3. x의 값이 1만큼 증가할 때, y의 값은 4만큼 감소한다.

_____

4. 기울기는 4이다.

_____

5. 제1, 2, 4사분면을 지난다.

_____

■ 다음 중 일차방정식 $5x-6y+18=0$의 그래프에 대한 설명으로 옳은 것은 ○를, 옳지 <u>않은</u> 것은 ×를 하여라.

6. 일차함수 $y=\dfrac{5}{6}x+1$의 그래프와 평행하다.

_____

7. x의 값이 6만큼 증가할 때, y의 값도 5만큼 증가한다.

_____

8. 오른쪽 위로 향하는 직선이다.

_____

9. x절편은 $\dfrac{5}{6}$이고, y절편은 3이다.

_____

앗! 실수
10. 제4사분면을 지나지 않는다.

_____

C 일차방정식의 그래프 위의 한 점

점 $(-a,\ a+1)$이 일차방정식 $2x-y+4=0$의 그래프 위의 점이면 이 점을 일차방정식에 대입해.
$-2a-(a+1)+4=0$을 만족하는 a의 값을 구하면 돼.

아하! 그렇구나~

■ 다음 점이 주어진 일차방정식의 그래프 위의 점이면 ◯를, 그래프 위의 점이 <u>아니면</u> ×를 하여라.

1. $(1,\ 1),\ x-4y+2=0$

   _____

   Help $x-4y+2=0$에 점 $(1,\ 1)$을 대입하여 식이 성립하는지 본다.

2. $(2,\ -3),\ 2x+5y+2=0$

   _____

3. $(-4,\ 2),\ -x-3y+2=0$

   _____

4. $(-2,\ -5),\ \dfrac{1}{2}x-y+8=0$

   _____

5. $\left(\dfrac{1}{4},\ \dfrac{1}{5}\right),\ 8x-5y-1=0$

   _____

■ 다음 점이 주어진 일차방정식의 그래프 위의 점일 때, a의 값을 구하여라.

6. $(a,\ a+1),\ 3x-y+3=0$

   _____

7. $(2a,\ 3a),\ -4x+2y+3=0$

   _____

8. $(2a,\ a-1),\ 2x-5y+1=0$

   _____

9. $(-a,\ 4a-1),\ 4x+\dfrac{1}{3}y-5=0$

   _____

10. $(3a,\ -a+4),\ -\dfrac{1}{5}x-\dfrac{1}{2}y+3=0$

    _____

D 일차방정식의 미지수의 값 구하기

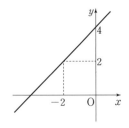

일차방정식 $ax+by+c=0$의 그래프가 주어졌을 때
① 그래프가 지나는 점을 좌표로 나타내고
② 그 점을 일차방정식에 대입하여 a, b의 값을 구하면 돼.

아하! 그렇구나~

■ 일차방정식과 그 그래프가 다음과 같을 때, 상수 a, b의 값을 각각 구하여라.

1. $ax+by+2=0$

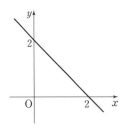

Help 두 점 $(2, 0)$, $(0, 2)$를 지나므로 $ax+by+2=0$에 대입하면
$2a+2=0$, $2b+2=0$

2. $-x+2ay-b=0$

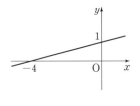

3. $-ax+3by+9=0$

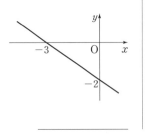

4. $ax+y-4b=0$

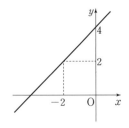

Help 두 점 $(-2, 2)$, $(0, 4)$를 지나므로 일차방정식에 대입하면 되는데
점 $(0, 4)$를 먼저 대입하여 b의 값을 구한 후 점 $(-2, 2)$를 대입한다.

5. $-x-4ay+6b=0$

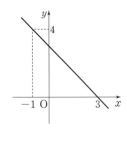

6. $-ax-4by+5=0$

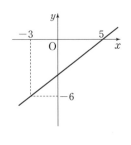

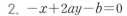

E 일차방정식의 그래프의 모양

■ 일차방정식과 그 그래프가 다음과 같을 때, □ 안에 알맞은 부등호를 써넣어라. (단, $a\neq0$, $b\neq0$인 상수)

1. $-ax-2y+b=0$

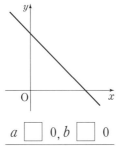

$a\ \boxed{}\ 0,\ b\ \boxed{}\ 0$

Help $y=-\dfrac{a}{2}x+\dfrac{b}{2}$이고 이 그래프의 기울기는 음수이므로 $-\dfrac{a}{2}<0$, y절편은 양수이므로 $\dfrac{b}{2}>0$

2. $ax+3y-b=0$

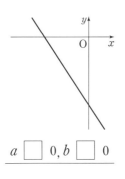

$a\ \boxed{}\ 0,\ b\ \boxed{}\ 0$

3. $-ax-4y+b=0$

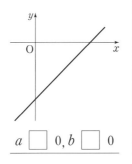

$a\ \boxed{}\ 0,\ b\ \boxed{}\ 0$

4. $-x+ay-5b=0$

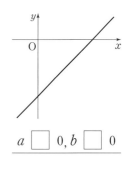

$a\ \boxed{}\ 0,\ b\ \boxed{}\ 0$

5. $4x-5ay+b=0$

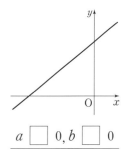

$a\ \boxed{}\ 0,\ b\ \boxed{}\ 0$

6. $2ax-by-4=0$

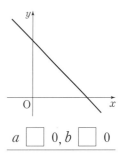

$a\ \boxed{}\ 0,\ b\ \boxed{}\ 0$

[1~2] 일차방정식과 일차함수의 그래프

1. 다음 중 일차방정식 $-3x+4y-8=0$의 그래프에 대한 설명으로 옳은 것은?

① x절편은 $\dfrac{3}{4}$, y절편은 2이다.

② 제4사분면을 지나지 않는다.

③ $y=-\dfrac{3}{4}x-8$의 그래프와 평행하다.

④ x의 값이 4만큼 증가할 때, y의 값은 3만큼 감소한다.

⑤ 오른쪽 아래로 향하는 직선이다.

2. 다음 중 일차방정식 $3x-2y-6=0$의 그래프는?

① 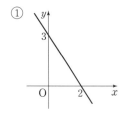 ②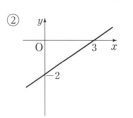

③ 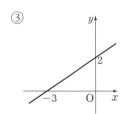 ④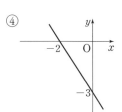

⑤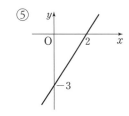

[3~4] 일차방정식의 미지수의 값 구하기

3. 두 점 $(3,\ 1)$, $(-6,\ a)$가 일차방정식 $3x-by=18$의 그래프 위에 있을 때, $a+b$의 값을 구하여라. (단, b는 상수)

4. 일차방정식 $-2x+ay-8=0$의 그래프가 오른쪽 그림과 같을 때, $a-b$의 값은? (단, a는 상수)

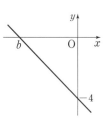

① -2 ② -1

③ 0 ④ 1

⑤ 2

[5] 일차방정식의 그래프의 모양

5. 일차방정식 $ax-by-2=0$의 그래프가 오른쪽 그림과 같을 때, 상수 a, b의 부호는?

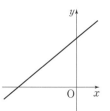

① $a>0, b>0$

② $a>0, b<0$

③ $a<0, b>0$

④ $a<0, b<0$

⑤ $a>0, b=0$

20 좌표축에 평행한 직선의 방정식

개념 강의 보기

● 일차방정식 $x=m$(m은 상수, $m \neq 0$)의 그래프

① 점 $(m, 0)$을 지나고 y축에 평행한 직선이다.

② 점 $(m, 0)$을 지나고 x축에 수직인 직선이다.

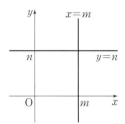

● 일차방정식 $y=n$(n은 상수, $n \neq 0$)의 그래프

① 점 $(0, n)$을 지나고 x축에 평행한 직선이다.

② 점 $(0, n)$을 지나고 y축에 수직인 직선이다.

바빠 꿀팁!

- $x=m$(m은 상수)은 x의 값이 m 하나로 정해질 때 y의 값이 무수히 많으므로 함수가 아니야.
- $y=n$(n은 상수)은 x의 값이 하나로 정해질 때 y의 값이 항상 n 하나로 정해지므로 함수이지만 일차함수는 아니야.

● 좌표축에 평행한 네 직선으로 둘러싸인 도형의 넓이

오른쪽 그림과 같이 네 직선 $x=-2$, $x=2$, $y=3$, $y=-3$으로 둘러싸인 부분의 넓이를 구해 보자.

네 직선으로 둘러싸인 도형의 넓이는

$$\{2-(-2)\} \times \{3-(-3)\} = 4 \times 6 = 24$$

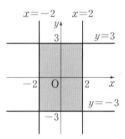

● 세 직선으로 둘러싸인 도형의 넓이

오른쪽 그림과 같이 세 직선 $y=x$, $y=0$, $x=6$으로 둘러싸인 부분의 넓이를 구해 보자.

두 직선 $y=x$와 $x=6$이 만나는 점의 좌표는 $(6, 6)$이므로 세 직선으로 둘러싸인 도형의 넓이는

$$\frac{1}{2} \times 6 \times 6 = 18$$

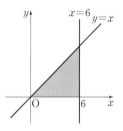

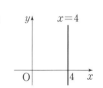

앗! 실수

오른쪽 그림과 같이 같은 직선을 다르게 표현할 수 있어서 많이 헷갈리니 그래프 모양을 따져 보아야 실수를 줄일 수 있어.

또 일차방정식 $x=0$의 그래프는 y축, $y=0$의 그래프는 x축임을 기억해 두자.

$x=4$는 y축에 평행
$x=4$는 x축에 수직

$y=3$은 x축에 평행
$y=3$은 y축에 수직

A x축에 평행, y축에 수직인 직선의 방정식

오른쪽 그림과 같이 x축에 평행하면 x좌표에 상관 없이 y좌표는 2이기 때문에 그래프의 식이 $y=2$인 거야.

물론 이 그래프는 y축에 수직이야.

■ 다음 일차방정식의 그래프를 좌표평면 위에 그려라.

1. $y=2$

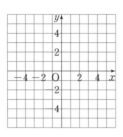

2. $y=-3$

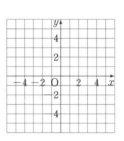

■ 다음 그래프를 보고 직선의 방정식을 구하여라.

3. _____

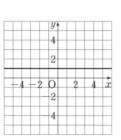

4. _____

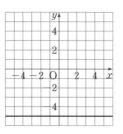

■ 다음을 만족하는 직선의 방정식을 구하여라.

5. 점 $(-1, 2)$를 지나고 x축에 평행한 직선의 방정식

   _____

   Help x축에 평행한 직선은 '$y=\sim$'로 표현되므로 점의 좌표 중 y좌표를 이용한다.

6. 점 $(5, 3)$을 지나고 x축에 평행한 직선의 방정식

   _____

7. 점 $(-7, 5)$를 지나고 y축에 수직인 직선의 방정식

   _____

   Help y축에 수직인 직선은 '$y=\sim$'로 표현되므로 점의 좌표 중 y좌표를 이용한다.

8. 점 $\left(\dfrac{3}{2}, \dfrac{1}{4}\right)$을 지나고 x축에 평행한 직선의 방정식

   _____

9. 점 $\left(-\dfrac{4}{7}, \dfrac{5}{8}\right)$를 지나고 y축에 수직인 직선의 방정식

   _____

B y축에 평행, x축에 수직인 직선의 방정식

오른쪽 그림과 같이 y축에 평행하면 y좌표에 상관 없이 x좌표는 3이기 때문에 그래프의 식이 $x=3$인 거야.
물론 이 그래프는 x축에는 수직이야.

■ 다음 일차방정식의 그래프를 좌표평면 위에 그려라.

1. $x=4$

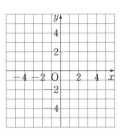

2. $x=-2$

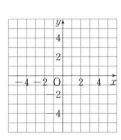

■ 다음 그래프를 보고 직선의 방정식을 구하여라.

3. _____

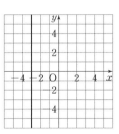

4. _____

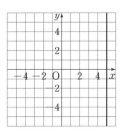

■ 다음을 만족하는 직선의 방정식을 구하여라.

5. 점 $(3, -3)$을 지나고 y축에 평행한 직선의 방정식

_____

Help y축에 평행한 직선은 '$x=$~'로 표현되므로 점의 좌표 중 x좌표를 이용한다.

6. 점 $(-4, 1)$을 지나고 y축에 평행한 직선의 방정식

_____

7. 점 $(-10, -7)$을 지나고 x축에 수직인 직선의 방정식

_____

Help x축에 수직인 직선은 '$x=$~'로 표현되므로 점의 좌표 중 x좌표를 이용한다.

8. 점 $\left(\dfrac{1}{6}, \dfrac{3}{7}\right)$을 지나고 y축에 평행한 직선의 방정식

_____

9. 점 $\left(-\dfrac{9}{5}, 9\right)$를 지나고 x축에 수직인 직선의 방정식

_____

C 좌표축에 평행한 네 직선으로 둘러싸인 도형의 넓이

네 일차방정식 $x=-1$, $x=2$, $y=2$, $y=-3$의 그래프를 그리면 오른쪽 그림과 같으므로 네 직선으로 둘러싸인 도형의 넓이는
$3 \times 5 = 15$

■ 다음에 주어진 네 방정식의 그래프를 좌표평면에 그리고 네 직선으로 둘러싸인 도형의 넓이를 구하여라.

1. $x=-3$, $x=3$,
   $y=2$, $y=-2$

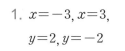

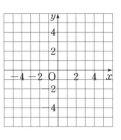

2. $x=-4$, $x=2$,
   $y=4$, $y=1$

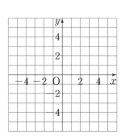

3. $x=1$, $x=5$,
   $y=2$, $y=1$

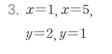

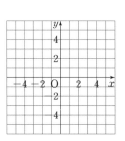

4. $x=-1$, $x=4$,
   $y=3$, $y=-2$

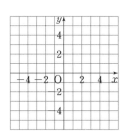

■ 다음 네 일차방정식의 그래프로 둘러싸인 도형의 넓이를 구하여라.

5. $x=0$, $x+3=0$, $y=0$, $y-5=0$

6. $x=0$, $2x-8=0$, $y=0$, $3y-9=0$

7. $x-1=0$, $4x-12=0$, $y+1=0$, $5y=20$

8. $x=0$, $\dfrac{2}{3}x+2=0$, $2y+10=0$, $3y-15=0$

D 세 직선으로 둘러싸인 도형의 넓이

$y=2x$와 $y=2$가 만나는 점의 좌표는 A$(1, 2)$, $y=2x$와 $x=3$이 만나는 점의 좌표는 B$(3, 6)$이 므로 직선 $y=2x$, $y=2$, $x=3$으로 둘러싸인 부 분의 넓이는 $\frac{1}{2}\times(3-1)\times(6-2)=4$

■ 다음과 같은 세 직선으로 둘러싸인 도형의 넓이를 구하여라.

1. $y=x, y=0, x=4$

————————

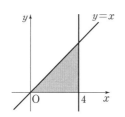

2. $y=2x, y=0, x=3$

————————

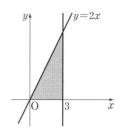

3. $y=\frac{1}{2}x, x=0, y=2$

————————

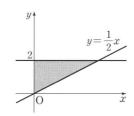

4. $y=3x, x=0, y=6$

————————

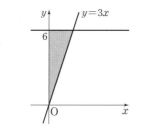

앗! 실수

5. $y=x, y=1, x=5$

Help 직선 $y=x$와 $y=1$이 만나 는 점의 좌표는 $(1, 1)$, 직 선 $y=x$와 $x=5$가 만나는 점의 좌표는 $(5, 5)$이다.

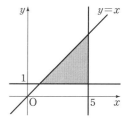

6. $y=3x, y=3, x=5$

————————

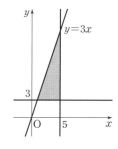

7. $y=\frac{1}{2}x, x=2, y=4$

————————

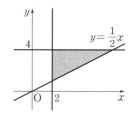

8. $y=2x, x=1, y=6$

————————

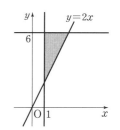

145

[1~2] 좌표축에 평행 또는 수직인 직선의 방정식

1. 다음 중 점 $(-4,\ 3)$을 지나고 y축에 수직인 직선의 방정식은?

① $y=3$ ② $x+4=0$

③ $y=-4$ ④ $x+y-3=0$

⑤ $y+3=0$

2. 다음 중 점 $(-2,\ -5)$를 지나고 y축에 평행한 직선의 방정식은?

① $y=-5$ ② $y=x$

③ $y+2=0$ ④ $-2x-5y=0$

⑤ $x=-2$

[3~4] 좌표축에 평행한 네 직선으로 둘러싸인 도형의 넓이

3. 네 일차방정식 $x=-2$, $x=0$, $y=3$, $y=-4$의 그래프로 둘러싸인 도형의 넓이는?

① 7 ② 10 ③ 13

④ 14 ⑤ 17

4. 네 일차방정식 $2x-10=0$, $x+4=0$, $y+2=0$, $3y-6=0$의 그래프로 둘러싸인 도형의 넓이를 구하여라.

[5~6] 세 직선으로 둘러싸인 도형의 넓이

5. 오른쪽 그림과 같이 세 직선 $y=\dfrac{3}{2}x$, $x=8$, $y=0$으로 둘러싸인 도형의 넓이는?

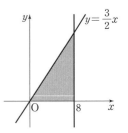

① 24 ② 36

③ 48 ④ 54

⑤ 96

6. 오른쪽 그림과 같이 세 직선 $y=2x$, $x=2$, $y=6$으로 둘러싸인 도형의 넓이는?

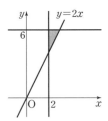

① 1 ② 2

③ 3 ④ 4

⑤ 5

연립방정식의 해와 그래프

개념 강의 보기

● 연립방정식의 해와 그래프

연립방정식 $\begin{cases} ax+by+c=0 \\ a'x+b'y+c'=0 \end{cases}$ 의 해는 두 일차방

정식 $ax+by+c=0, a'x+b'y+c'=0$의 그래프
의 교점의 좌표와 같다.

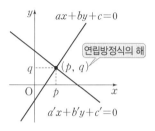

연립방정식의 해

연립방정식의 해 $\longleftrightarrow$ 두 그래프의 교점의 좌표
$x=p, y=q$ $\qquad\qquad$ (p, q)

바빠 꿀팁!

두 직선은 곡선이 아니기 때문에
두 점에서 만나는 경우는 없어. 그
래서 두 직선이 만났다면 한 점에서
만나거나 일치하는 경우인 거
지. 한 점에서 만날 때는 기울기만
다르면 되고, x절편이나 y절편은
같든지 다르든지 상관없음을 기억
해 두자.

● 연립방정식의 해의 개수와 두 그래프의 위치 관계

연립방정식 $\begin{cases} ax+by+c=0 \\ a'x+b'y+c'=0 \end{cases}$ 의 해의 개수는 두 일차방정식의 그래프인 두

직선의 교점의 개수와 같다.

한 점에서 만나고!

두 직선의 위치 관계	한 점에서 만난다.	평행하다.	일치한다.
두 직선의 모양			
교점의 개수	1개	없다.	무수히 많다.
연립방정식의 해의 개수	한 쌍	해가 없다.	해가 무수히 많다.
기울기와 y절편	기울기가 다르다.	기울기는 같고 y절편이 다르다.	기울기와 y절편이 각각 같다.
$\begin{cases} ax+by+c=0 \\ a'x+b'y+c'=0 \end{cases}$	$\dfrac{a}{a'} \neq \dfrac{b}{b'}$	$\dfrac{a}{a'} = \dfrac{b}{b'} \neq \dfrac{c}{c'}$	$\dfrac{a}{a'} = \dfrac{b}{b'} = \dfrac{c}{c'}$

평행!

일치!

 앗! 실수

연립방정식 $\begin{cases} -x+y=-2 \\ x+2y=5 \end{cases}$의 그래프가 오른쪽 그림과 같이 주어졌을 때도 해를

두 일차방정식을 연립하여 구하는 학생들이 많아.
하지만 연립방정식의 해는 두 일차방정식의 그래프의 교점의 좌표와 같으므로 그래프에 나와 있는
$x=3, y=1$을 직접 구하면 돼.

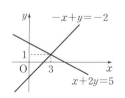

A 연립방정식의 해와 그래프의 교점

두 일차방정식 $3x+y=5$, $x-y=-1$의 그래프가 오른쪽 그림과 같을 때 연립방정식의 해를 순서쌍으로 나타내면 두 직선의 교점인 $(1, 2)$야.

잊지 말자. 꼬~옥! 😊

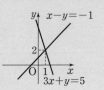

■ 다음은 연립방정식을 풀기 위해 두 일차방정식의 그래프를 그린 것이다. 이 연립방정식의 해를 순서쌍으로 나타내어라.

1. $\begin{cases} x+2y=7 \\ -2x+y=-4 \end{cases}$

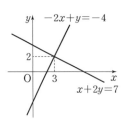

─────────────

Help 연립방정식의 해는 두 직선의 교점의 좌표이다.

2. $\begin{cases} 2x-y=3 \\ x+y=3 \end{cases}$

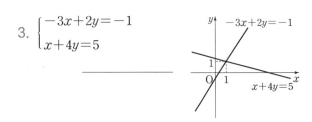

─────────────

3. $\begin{cases} -3x+2y=-1 \\ x+4y=5 \end{cases}$

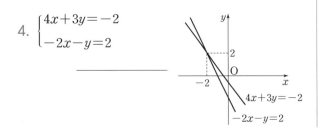

─────────────

4. $\begin{cases} 4x+3y=-2 \\ -2x-y=2 \end{cases}$

─────────────

5. $\begin{cases} -x+4y=-3 \\ 2x-5y=3 \end{cases}$

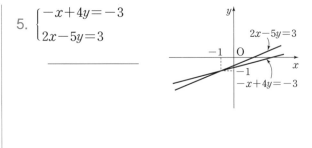

─────────────

6. $\begin{cases} 3x-y=-6 \\ -x+y=4 \end{cases}$

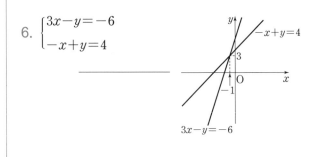

─────────────

7. $\begin{cases} x+y=5 \\ x+4y=11 \end{cases}$

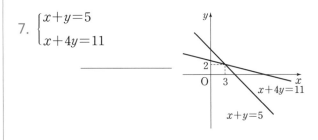

─────────────

8. $\begin{cases} 5x+2y=2 \\ 4x+5y=-12 \end{cases}$

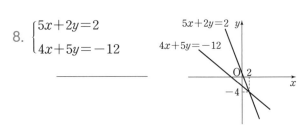

─────────────

B 두 직선의 교점의 좌표를 이용하여 미지수의 값 구하기

두 일차방정식 $2x+y=6$, $ax+y=-4$의 그래프가 오른쪽 그림과 같다면 연립방정식의 해는 두 직선의 교점인 $(2, 2)$이므로 $ax+y=-4$에 대입하여 상수 a의 값을 구해.

■ 다음은 연립방정식의 두 일차방정식의 그래프를 나타낸 것이다. 상수 a, b의 값을 각각 구하여라.

1. $\begin{cases} x+y=a \\ bx+y=-3 \end{cases}$

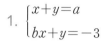

Help 점 $(4, 1)$을 두 일차방정식에 대입한다.

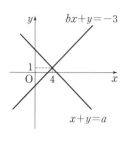

2. $\begin{cases} ax-y=3 \\ -x-2y=b \end{cases}$

_____

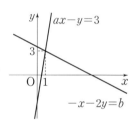

3. $\begin{cases} x+4y=a \\ 2x+by=-7 \end{cases}$

_____

4. $\begin{cases} ax-7y=2 \\ x-y=b \end{cases}$

_____

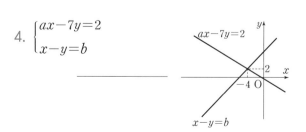

5. $\begin{cases} ax+5y=6 \\ 3x-4y=b \end{cases}$

_____

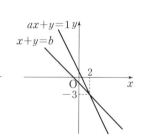

6. $\begin{cases} x+y=b \\ ax+y=1 \end{cases}$

_____

7. $\begin{cases} 5x+ay=-3 \\ x-3y=b \end{cases}$

_____

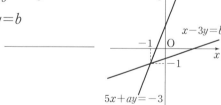

8. $\begin{cases} ax+y=-1 \\ 5x+2y=b \end{cases}$

_____

■ 다음 두 일차방정식의 그래프의 교점의 좌표를 순서
쌍으로 나타내어라.

1. $2x+y-1=0$, $-x+2y-7=0$

    _____

    Help 두 일차방정식을 연립하여 구한 해가 교점의 좌표
    이다.

2. $x-8y-4=0$, $-3x+2y-10=0$

    _____

3. $6x-y-1=0$, $2x-y+3=0$

    _____

4. $-2x+3y-2=0$, $3x-8y+10=0$

    _____

■ 다음을 만족하는 상수 a의 값을 구하여라.

5. 두 일차방정식 $x+6y+7=0$, $2x+3y-4=0$의
    그래프의 교점이 일차함수 $y=ax+3$의 그래프 위
    에 있다.

    _____

    Help 두 일차방정식을 연립하여 풀어서 나온 해를
    $y=ax+3$에 대입한다.

6. 두 일차방정식 $3x-4y+3=0$, $-x+5y-12=0$
    의 그래프의 교점이 일차함수 $y=ax-3$의 그래프
    위에 있다.

    _____

7. 두 일차방정식 $-5x+4y-11=0$,
    $3x-2y+5=0$의 그래프의 교점이 일차함수
    $y=-3x+a$의 그래프 위에 있다.

    _____

8. 두 일차방정식 $-8x+3y-10=0$,
    $5x-3y+4=0$의 그래프의 교점이 일차함수
    $y=-2x+a$의 그래프 위에 있다.

    _____

D 두 일차방정식의 그래프의 교점을 지나는 직선의 방정식

두 일차방정식 $4x-y=-2$, $x-3y=5$의 그래프의 교점을 지나고 기울기가 5인 직선의 방정식을 구해 보자.
$4x-y=-2$, $x-3y=5$를 연립하면 해가 $(-1, -2)$이므로 기울기가 5인 직선의 방정식을 $y=5x+b$로 놓고 점 $(-1, -2)$를 대입하면 $y=5x+3$이 돼. 잊지 말자. 꼬~옥!

■ 다음을 만족하는 직선의 방정식을 구하여라.

1. 두 일차방정식 $x+y=4$, $3x-y=0$의 그래프의 교점을 지나고 y축에 평행한 직선의 방정식

   Help $x+y=4$, $3x-y=0$을 연립하여 푼 후 x좌표를 이용하여 '$x=\sim$'로 나타낸다.

2. 두 일차방정식 $2x-y=1$, $4x-3y=-7$의 그래프의 교점을 지나고 x축에 평행한 직선의 방정식

3. 두 일차방정식 $3x+y=-2$, $6x+5y=8$의 그래프의 교점을 지나고 x축에 수직인 직선의 방정식

4. 두 일차방정식 $-2x+y=-5$, $3x-7y=-9$의 그래프의 교점을 지나고 y축에 수직인 직선의 방정식

5. 두 일차방정식 $x-y=4$, $5x+2y=6$의 그래프의 교점을 지나고 기울기가 3인 직선의 방정식

   Help $x-y=4$, $5x+2y=6$을 연립하여 푼 후 $y=3x+b$로 놓고 대입하여 푼다.

6. 두 일차방정식 $x-2y=1$, $2x-7y=-1$의 그래프의 교점을 지나고 기울기가 -1인 직선의 방정식

7. 두 일차방정식 $2x-3y=-1$, $x+6y=-3$의 그래프의 교점을 지나고 기울기가 2인 직선의 방정식

8. 두 일차방정식 $x+3y=5$, $x+4y=8$의 그래프의 교점을 지나고 기울기가 -4인 직선의 방정식

E 한 점에서 만나는 세 직선

세 직선이 한 점에서 만난다는 것은 두 직선의 교점을 나머지 한 직선이 지난다는 뜻이므로 두 직선을 연립하여 풀어서 그 해를 나머지 직선에 대입하면 돼.

아하! 그렇구나~

■ 다음 세 일차방정식의 그래프는 한 점에서 만난다고 한다. 이때 상수 a의 값을 구하여라.

1. $x+y=4$, $x-y=8$, $ax-y=8$

　　　　　　　　　　　　　　

Help $x+y=4$, $x-y=8$을 연립하여 풀어서 그 해를 $ax-y=8$에 대입한다.

2. $3x-2y=0$, $5x-y=7$, $4x-ay=2$

　　　　　　　　　　　　　　

3. $4x+y=4$, $x+y=-2$, $ax-y=-6$

　　　　　　　　　　　　　　

4. $x+3y=3$, $2x+5y=4$, $x-ay=a$

　　　　　　　　　　　　　　

5. $2x+y=4$, $x-5y=-9$, $ax-y=-a$

　　　　　　　　　　　　　　

6. $5x+y=10$, $4x-3y=-11$, $3x-ay=a-9$

　　　　　　　　　　　　　　

7. $x-2y=3$, $5x-4y=-3$, $a(x-1)+y=5$

　　　　　　　　　　　　　　

8. $6x+y=2$, $5x+y=1$, $7x-ay=-a-5$

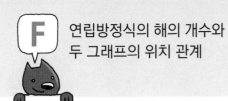
연립방정식 $\begin{cases} ax+by+c=0 \\ a'x+b'y+c'=0 \end{cases}$ 에서

해가 없을 조건 : $\dfrac{a}{a'} = \dfrac{b}{b'} \neq \dfrac{c}{c'}$

해가 무수히 많을 조건 : $\dfrac{a}{a'} = \dfrac{b}{b'} = \dfrac{c}{c'}$

■ 다음 연립방정식의 해가 무수히 많을 때, 상수 a, b 의 값을 각각 구하여라.

1. $\begin{cases} ax+y=1 \\ 6x+3y=b \end{cases}$

  Help $\dfrac{a}{6} = \dfrac{1}{3} = \dfrac{1}{b}$

  —————————

2. $\begin{cases} -x+ay=2 \\ -4x+12y=b \end{cases}$

  —————————

3. $\begin{cases} ax+2y=8 \\ -2x+by=-4 \end{cases}$

  —————————

4. $\begin{cases} 9x+ay=15 \\ -3x+y=-b \end{cases}$

  —————————

■ 다음 연립방정식의 해가 없을 때, 상수 a의 값을 구 하여라.

5. $\begin{cases} ax+10y=-5 \\ x+2y=-4 \end{cases}$

  Help $\dfrac{a}{1} = \dfrac{10}{2} \neq \dfrac{-5}{-4}$

  —————————

6. $\begin{cases} 3x+5y=7 \\ -x+ay=1 \end{cases}$

  —————————

7. $\begin{cases} x+ay=10 \\ 4x-2y=5 \end{cases}$

  —————————

8. $\begin{cases} 6x+9y=2 \\ -2x+ay=3 \end{cases}$

  —————————

[1~2] 연립방정식의 해와 그래프의 교점

1. 오른쪽 그림은 연립방정식 $\begin{cases} x+2y=5 \\ 4x-y=2 \end{cases}$ 를 풀기 위해 두 일차방정식의 그래프를 그린 것이다. 이 연립방정식의 해를 구하여라.

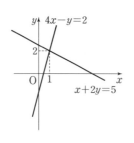

2. 두 일차방정식 $4x+y=1$, $2x+3y=-2$의 그래프의 교점의 좌표는?

① $\left(\dfrac{1}{2},\ 1\right)$ ② $(1,\ -1)$ ③ $\left(\dfrac{1}{2},\ -1\right)$

④ $(2,\ 1)$ ⑤ $\left(1,\ \dfrac{1}{2}\right)$

적중률 80%

[3~4] 두 직선의 교점의 좌표를 이용하여 미지수의 값 구하기

3. 두 일차방정식
$x+3y-1=0$,
$ax-2y+8=0$의 그래프가 오른쪽 그림과 같을 때, 상수 a의 값은?

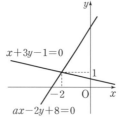

① -2 ② -1
③ 1 ④ 2
⑤ 3

4. 오른쪽 그림은 연립방정식 $\begin{cases} 2x+y=a \\ bx+y=-5 \end{cases}$ 의 두 일차방정식의 그래프를 나타낸 것이다. 상수 a, b의 값을 각각 구하여라.

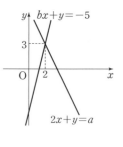

적중률 80%

[5~6] 연립방정식의 해의 개수와 두 그래프의 위치 관계

5. 연립방정식 $\begin{cases} ax+6y=-9 \\ x+by=-3 \end{cases}$ 의 해가 무수히 많을 때, 상수 a, b의 값을 각각 구하여라.

6. 연립방정식 $\begin{cases} ax+2y=3 \\ 6x+4y=b \end{cases}$ 의 해가 없을 때, 상수 a, b의 조건은?

① $a=2, b\neq3$ ② $a=2, b=3$
③ $a=3, b\neq6$ ④ $a=3, b=6$
⑤ $a=2, b\neq6$

22 직선의 방정식의 응용

개념 강의 보기

● 직선이 선분과 만날 조건

두 점 A$(1,\ 5)$, B$(4,\ 1)$이 주어질 때, 직선 $y=ax$가 선분 AB와 만나도록 하는 상수 a의 값의 범위를 구해 보자.

점 A$(1,\ 5)$가 직선 $y=ax$ 위에 있으면 $a=5$이고

점 B$(4,\ 1)$이 직선 $y=ax$ 위에 있으면 $a=\dfrac{1}{4}$

따라서 a의 값의 범위는 $\dfrac{1}{4}\leq a\leq 5$

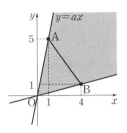

● 직선으로 둘러싸인 도형의 넓이

두 직선 $x-2y+3=0$, $x+y-6=0$과 x축으로 둘러싸인 도형의 넓이를 구해 보자.

두 직선을 연립하여 구한 해는 $(3,\ 3)$이고 직선 $x-2y+3=0$의 x절편이 -3, 직선 $x+y-6=0$의 x절편이 6이다.

두 직선과 x축으로 둘러싸인 부분의 넓이는

$\dfrac{1}{2}\times\{6-(-3)\}\times3=\dfrac{27}{2}$

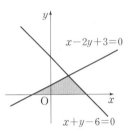

● 넓이를 이등분하는 직선의 방정식

직선 $x+y-4=0$과 x축, y축으로 둘러싸인 도형의 넓이를 직선 $y=mx$가 이등분할 때, 상수 m의 값을 구해 보자.

직선 $x+y-4=0$의 x절편이 4, y절편이 4이므로

삼각형 AOB의 넓이는 $\dfrac{1}{2}\times4\times4=8$

즉, 삼각형 COB의 넓이는 4이다.

점 C의 y좌표를 k라 하면 $\dfrac{1}{2}\times4\times k=4$　　$\therefore k=2$

$k=2$를 직선 $x+y-4=0$의 y좌표에 대입하면 C$(2,\ 2)$이므로

점 C의 좌표를 $y=mx$에 대입하면 $m=1$이다.

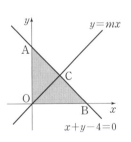

바빠 꿀팁!

왼쪽의 그림과 같이 넓이를 이등분하는 직선 $y=mx$를 구하는 방법을 순서대로 정리해 보자.

① x절편, y절편을 구해 전체 넓이를 구하고

② 이 넓이를 이등분한 넓이의 값을 구하고

③ 넓이를 이용하여 두 직선의 교점 C의 좌표를 구한 다음 $y=mx$에 대입하여 m의 값을 구해.

● 두 일차함수의 그래프가 주어질 때, 교점의 좌표 구하기

① 그래프가 지나는 두 점을 이용하여 일차함수의 식으로 나타낸다.

② 두 일차함수의 식을 연립하여 교점의 좌표를 구한다.

A 직선이 선분과 만날 조건

두 점 $A(1, 3)$, $B(4, 2)$가 주어질 때, 직선 $y=ax$ 가 선분 AB와 만나도록 하는 상수 a의 값의 범위는 점 $A(1, 3)$을 지나면 $a=3$, 점 $B(4, 2)$를 지나면 $a=\dfrac{1}{2}$이므로 $\dfrac{1}{2}\leq a\leq 3$

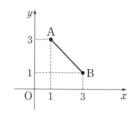

■ 다음과 같이 좌표평면 위에 두 점이 주어질 때, 직선 $y=ax$가 선분 AB와 만나도록 하는 상수 a의 값의 범위를 구하여라.

1. $A(1, 4), B(3, 2)$

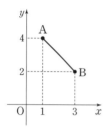

Help 직선 $y=ax$에 두 점 $A(1, 4)$, $B(3, 2)$를 대입하여 상수 a의 값의 범위를 구한다.

2. $A(2, 6), B(3, 3)$

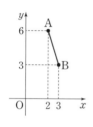

3. $A(2, 3), B(5, 2)$

■ 다음과 같이 좌표평면 위에 두 점이 주어질 때, 직선 $y=ax-2$가 선분 AB와 만나도록 하는 상수 a의 값의 범위를 구하여라.

4. $A(1, 3), B(3, 1)$

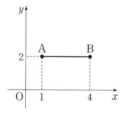

Help 직선 $y=ax-2$에 두 점 $A(1, 3)$, $B(3, 1)$을 대입하여 상수 a의 값의 범위를 구한다.

5. $A(1, 2), B(4, 2)$

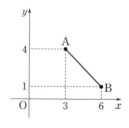

6. $A(3, 4), B(6, 1)$

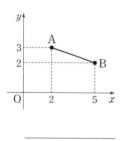

B 직선으로 둘러싸인 도형의 넓이

두 직선 $2x+y+4=0$, $x-y+5=0$과 x축
으로 둘러싸인 도형의 넓이를 구해 보자.
두 직선을 연립하여 풀면 $x=-3$, $y=2$ 이고
두 직선의 x절편이 각각 -2, -5이므로
(넓이)$=\dfrac{1}{2}\times 3\times 2=3$

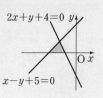

■ 다음과 같이 두 직선과 x축으로 둘러싸인 도형의 넓이를 구하여라.

1. $x+y-3=0$
   $-x+y+1=0$

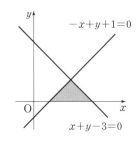

[Help] 두 직선의 교점과 x절편으로 도형의 넓이를 구한다.

2. $2x+y+8=0$
   $4x-y+10=0$

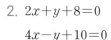
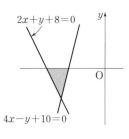

3. $2x+7y+6=0$
   $x-3y-10=0$

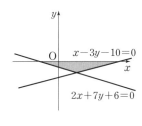

■ 다음과 같이 두 직선과 y축으로 둘러싸인 도형의 넓이를 구하여라.

4. $3x-y+1=0$
   $2x+y-6=0$

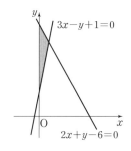

[Help] 두 직선의 교점과 y절편으로 도형의 넓이를 구한다.

5. $5x+y+3=0$
   $x-2y+5=0$

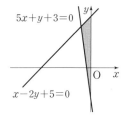

6. $x-y+3=0$
   $x+y+7=0$

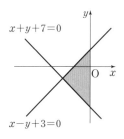

C 넓이를 이등분하는 직선의 방정식

색칠한 부분의 넓이를 직선 $y=mx$가 이등분할 때, 상수 m의 값을 구해 보자.
△AOB의 넓이는 4이므로 △COB의 넓이가 2임을 이용하여 점 C의 좌표를 구하여 $y=mx$에 대입하면 m의 값이 구해져.

■ 오른쪽 그림과 같이 일차방정식 $x-y+4=0$의 그래프와 x축, y축으로 둘러싸인 도형의 넓이를 직선 $y=mx$가 이등분할 때, 상수 m의 값을 다음 순서로 구하여라.

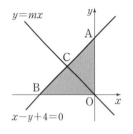

1. 일차방정식 $x-y+4=0$의 그래프의 x절편, y절편을 각각 구하여라.

_____

2. △AOB의 넓이를 구하여라.

_____

3. △CBO의 넓이를 구하여라.

_____

4. △CBO의 넓이를 이용하여 점 C의 y좌표를 구하여라.

_____

   Help △CBO의 y좌표를 k라 하면 밑변의 길이는 4이고 넓이가 □이므로 $\frac{1}{2}\times4\times k=$□

5. 점 C의 y좌표를 이용하여 x좌표를 구하여라.

_____

   Help 4번에서 구한 y좌표를 $x-y+4=0$에 대입하여 x좌표를 구한다.

6. 점 C의 좌표를 $y=mx$에 대입하여 상수 m의 값을 구하여라.

_____

   Help 4, 5번에서 구한 x, y좌표를 $y=mx$에 대입하여 m의 값을 구한다.

■ 오른쪽 그림과 같이 일차함수 $y=-3x+6$의 그래프와 x축, y축으로 둘러싸인 도형의 넓이를 직선 $y=mx$가 이등분할 때, 상수 m의 값을 다음 순서로 구하여라.

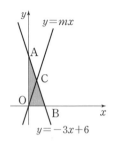

7. 일차함수 $y=-3x+6$의 그래프의 x절편, y절편을 각각 구하여라.

_____

8. △AOB의 넓이를 구하여라.

_____

9. △COB의 넓이를 구하여라.

_____

10. △COB의 넓이를 이용하여 점 C의 y좌표를 구하여라.

_____

11. 점 C의 y좌표를 이용하여 x좌표를 구하여라.

_____

12. 점 C의 좌표를 $y=mx$에 대입하여 상수 m의 값을 구하여라.

_____

두 그래프를 이용한 일차함수의 활용 문제는 x절편과 y절편을 이용하여 주어진 그래프를 나타내는 일차함수의 식을 각각 구한 후 두 그래프의 교점의 좌표를 구하면 돼. 아하! 그렇구나~ 🐟

1. 오른쪽 그림은 길이가 30 cm인 양초에 불을 붙인 지 x분 후에 남은 양초의 길이를 $y$cm라 할 때, x와 y 사이의 관계를 그래프로 나타낸 것이다. 불을 붙인 지 몇 분 후에 남은 양초의 길이가 6 cm가 되는지 구하여라.

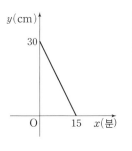

Help x절편이 15이고 y절편이 30임을 이용하여 일차함수의 식으로 나타내고 $y=6$을 대입한다.

2. 오른쪽 그림은 80 ℃의 물을 냉동실에 넣고 x분 후의 물의 온도를 y℃라 할 때, x와 y 사이의 관계를 그래프로 나타낸 것이다. 15분 후의 물의 온도를 구하여라.

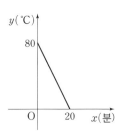

3. 50 L, 36 L의 물이 각각 들어 있는 두 물통 A, B에서 동시에 일정한 속력으로 물을 빼낸다. 오른쪽 그림은 x분 후에 남아 있는 물의 양을 yL라 할 때, x와 y 사이의 관계를 그래프로 나타낸 것이다. 물을 빼내기 시작한 지 몇 분 후에 두 물통에 남아 있는 물의 양이 같아지는지 구하여라.

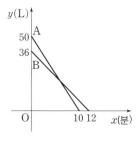

Help A물통은 x절편이 10, y절편이 50임을 이용하여 그래프의 식을 구하고, B물통은 x절편이 12, y절편이 36임을 이용하여 그래프의 식을 구한 후 두 그래프의 교점을 구한다.

4. 집에서 3 km 떨어진 학교에 가는데 동생이 먼저 출발하고 10분 후에 형이 출발하였다. 오른쪽 그림은 동생이 출발한 지 x분 후에 집으로부터 떨어진 거리를 $y$km라 할 때, x와 y 사이의 관계를 그래프로 나타낸 것이다. 동생이 출발한 지 몇 분 후에 동생과 형이 만나는지 구하여라.

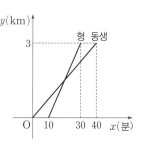

Help 형의 그래프는 두 점 (10, 0), (30, 3)을 지나고, 동생의 그래프는 두 점 (0, 0), (40, 3)을 지남을 이용하여 그래프의 식을 구하고 두 그래프의 교점을 구한다.

아싸!~ 거저먹는 시험 문제

[1] 직선이 선분과 만날 조건

1. 오른쪽 그림과 같이 두 점 A$(-2, 4)$, B$(-5, 1)$을 양 끝점으로 하는 선분과 직선 $y=ax-4$가 만날 때, 상수 a의 값이 될 수 <u>없는</u> 것은?

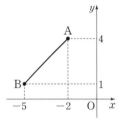

① -5 ② -4 ③ -3
④ -2 ⑤ -1

적중률 80%
[2~3] 직선으로 둘러싸인 도형의 넓이

2. 오른쪽 그림과 같이 두 직선 $x+y-5=0$, $-3x+y+3=0$과 x축으로 둘러싸인 도형의 넓이는?

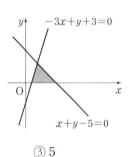

① 2 ② 3 ③ 5
④ 6 ⑤ 8

3. 오른쪽 그림과 같이 두 직선 $x-3y+6=0$, $x+y+2=0$과 y축으로 둘러싸인 도형의 넓이를 구하여라.

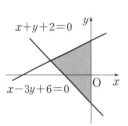

적중률 70%
[4~5] 그래프를 이용한 일차함수의 활용

4. 오른쪽 그림은 길이가 40 cm인 양초에 불을 붙인 지 x분 후에 남은 양초의 길이의 관계를 y cm라 할 때, x와 y 사이의 관계를 그래프로 나타낸 것이다. 불을 붙인 지 몇 분 후에 남은 양초의 길이가 12 cm가 되는지 구하여라.

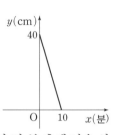

5. 집에서 5 km 떨어진 학교에 가는데 동생이 먼저 출발하고 20분 후에 형이 출발하였다. 오른쪽 그림은 동생이 출발한 지 x분 후에 집으로부터 떨어진 거리를 y km라 할 때, x와 y 사이의 관계를 그래프로 나타낸 것이다. 동생이 출발한 지 몇 분 후에 동생과 형이 만나는지 구하여라.

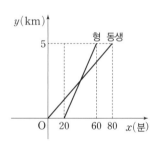

이제는 중학교 교과서에도 토론 도입!
토론 수업을 준비하는 중고생, 선생님께 꼭 필요한 책

토론 수업, 수행평가 완전 정복!

케빈 리 지음 | 15,000원

토론 수업 수행평가

어디서든 통하는
논리학 사용설명서

"나도 논리적인 사람이 될 수 있을까?"

- 중·고등학생 토론 수업, 수행평가, 대학 입시 뿐아니라 **똑똑해지려면 꼭 필요한 책**
- 단기간에 논리적인 사람이 된다는 것. '논리의 오류' 가 열쇠다!
- 논리의 부재, 말장난에 **통쾌한 반격**을 할 수 있게 해 주는 책
- 초등학생도 이해할 수 있는 대화와 예문으로 논리를 쉽게 이해한다.

'토론의 정수 - 디베이트'를 원형 그대로 배운다!

케빈 리 지음 | 26,000원

🎥 동영상으로 배우는 디베이트 형식 교과서
이것이 디베이트 형식의 표준이다!

DVD
동영상 제공
7시간 분량
실황 중계

"4대 디베이트 형식을 동영상과 함께 배운다!"

- 꼭 알아야 할 디베이트의 대표적인 형식을 모두 다뤘다!
- 실제 현장 동영상으로 디베이트 전 과정을 파악할 수 있다!
- 궁금한 것이 있으면 국내 디베이트 1인자, **케빈리에게 직접 물어보자.** 온라인 카페 '투게더 디베이트 클럽' 에서 선생님의 명쾌한 답변을 들을 수 있다!

바쁘니까
'바빠 중학연산'이다~

01 미지수가 2개인 일차방정식

A 미지수가 2개인 일차방정식 13쪽

1 ○ 2 × 3 × 4 ○
5 × 6 × 7 ○ 8 ×
9 × 10 ○

---

2 분모에 미지수가 있는 방정식은 일차방정식이 아니다.
3 이차항이 있으므로 일차방정식이 아니다.
5 미지수가 1개 있으므로 미지수가 2개인 일차방정식이 아니다.
6 등호가 없으므로 방정식이 아니다.
8 전개하면 이차항이 생기므로 일차방정식이 아니다.
9 xy는 문자가 두 개 곱해진 것이므로 일차방정식이 아니다.

B 미지수가 2개인 일차방정식 세우기 14쪽

1 $x+y=6$
2 $2x+3y=10$
3 $x=y-8$
4 $1000x+2500y=8500$
5 $2x+3y=53$
6 $4x+2y=48$
7 $2x+2y=25$
8 $4x=2y-1$
9 $3x+4y=90$
10 $2000x+3500y=18000$

C x, y가 자연수일 때, 일차방정식의 해 구하기 15쪽

1
x	1	2	3	4
y	6	4	2	0

$(1, 6), (2, 4), (3, 2)$

2
x	1	2	3	4	5
y	6	$\frac{9}{2}$	3	$\frac{3}{2}$	0

$(1, 6), (3, 3)$

3
x	15	10	5	0
y	1	2	3	4

$(15, 1), (10, 2), (5, 3)$

4
x	10	$\frac{15}{2}$	5	$\frac{5}{2}$	0
y	1	2	3	4	5

$(10, 1), (5, 3)$

5 ○ 6 ○ 7 × 8 ×
9 ○

D 일차방정식의 해 또는 계수가 문자로 주어질 때 상수 구하기 16쪽

1 -1 2 -10 3 16 4 $-\frac{7}{2}$
5 -8 6 4 7 -3 8 $\frac{6}{5}$
9 $\frac{8}{5}$ 10 4

---

1 일차방정식 $x+2y+a=0$에 $x=-1, y=1$을 대입하면
$-1+2+a=0$ ∴ $a=-1$
2 일차방정식 $-x+4y+a=0$에 $x=2, y=3$을 대입하면
$-2+12+a=0$ ∴ $a=-10$
3 일차방정식 $3x-2y+a=0$에 $x=-4, y=2$를 대입하면
$-12-4+a=0$ ∴ $a=16$
4 일차방정식 $-5x+y+a=0$에 $x=\frac{1}{10}, y=4$를 대입하면
$-\frac{1}{2}+4+a=0$ ∴ $a=-\frac{7}{2}$
5 일차방정식 $6x+4y+a=0$에 $x=\frac{1}{3}, y=\frac{3}{2}$을 대입하면
$2+6+a=0$ ∴ $a=-8$
6 일차방정식 $2x+4y=10$에 $x=-3, y=a$를 대입하면
$-6+4a=10$ ∴ $a=4$
7 일차방정식 $3x-y=-12$에 $x=-5, y=a$를 대입하면
$-15-a=-12$ ∴ $a=-3$
8 일차방정식 $-5x+2y=14$에 $x=a, y=10$을 대입하면
$-5a+20=14$ ∴ $a=\frac{6}{5}$
9 일차방정식 $x+4y=12$에 $x=a, y=a+1$을 대입하면
$a+4(a+1)=12, a+4a+4=12$ ∴ $a=\frac{8}{5}$
10 일차방정식 $\frac{1}{2}x-\frac{1}{3}y=1$에 $x=a, y=a-1$을 대입하면
$\frac{1}{2}a-\frac{1}{3}(a-1)=1, 3a-2(a-1)=6$ ∴ $a=4$

거저먹는 시험 문제 17쪽

1 ③ 2 2개 3 $700x+1200y=4500$
4 ②, ④ 5 ② 6 $-\frac{7}{3}$

1 ① $xy-x=4$에서 xy는 x와 y가 곱해져 있어서 이차항이므로 일차방정식이 아니다.
  ② $\frac{3}{x}+y=-1$은 x가 분모에 있으므로 일차방정식이 아니다.
  ④ $3x+6y$는 등식이 아니므로 방정식이 아니다.
  ⑤ $-x+y+2=-x$는 $y+2=0$이 되므로 미지수가 1개인 일차방정식이다.
2 ㄱ, ㄹ의 2개이다.

4 ① $x=0, y=-16$을 $-x+3y$에 대입하면
$0+3\times(-16)=-48$이므로 $x=0, y=-16$은
$-x+3y=16$의 해가 아니다.
② $x=-1, y=5$를 $-x+3y$에 대입하면
$-(-1)+3\times5=16$이므로 $x=-1, y=5$는
$-x+3y=16$의 해이다.
③ $x=7, y=3$을 $-x+3y$에 대입하면
$-7+3\times3=2$이므로 $x=7, y=3$은
$-x+3y=16$의 해가 아니다.
④ $x=-9, y=\frac{7}{3}$을 $-x+3y$에 대입하면
$-(-9)+3\times\frac{7}{3}=16$이므로 $x=-9, y=\frac{7}{3}$은
$-x+3y=16$의 해이다.
⑤ $x=1, y=-6$을 $-x+3y$에 대입하면
$-1+3\times(-6)=-19$이므로 $x=1, y=-6$은
$-x+3y=16$의 해가 아니다.

6 일차방정식 $4x-y=2$에 $x=a+2, y=a-1$을 대입하면
$4(a+2)-(a-1)=2, 4a+8-a+1=2$
$\therefore a=-\frac{7}{3}$

02 연립방정식의 해

A 연립방정식 세우기 19쪽

1 21, 9 2 28, 4
3 3000, 1000, 10 4 4, 5, 20
5 $\begin{cases} 2x-y=15 \\ x+4y=20 \end{cases}$ 6 $\begin{cases} x+y=18 \\ 2x+4y=50 \end{cases}$
7 $\begin{cases} 2000x+5000y=58000 \\ x+y=20 \end{cases}$ 8 $\begin{cases} 2x+2y=64 \\ x=3y \end{cases}$

B 연립방정식의 해 20쪽

1 ○ 2 × 3 × 4 ○
5 ○ 6 × 7 × 8 ○
9 ○ 10 ×

- -

1 $x=1, y=3$을 $x+2y=7$에 대입하면 성립하고
$-x+y=2$에 대입해도 성립한다.
2 $x=1, y=3$을 $3x+2y=9$에 대입하면 성립하지만
$-2x+y=3$에 대입하면 성립하지 않는다.
3 $x=1, y=3$을 $-2x+4y=9$에 대입하면 성립하지 않지만
$x-y=-2$에 대입하면 성립한다.

6 $x=2, y=-2$를 $-x-3y=4$에 대입하면 성립하지만
$x+2y=2$에 대입하면 성립하지 않는다.
7 $x=2, y=-2$를 $-4x+y=-10$에 대입하면 성립하지만
$2x+3y=-5$에 대입하면 성립하지 않는다.
10 $x=2, y=-2$를 $x-2y=-6$에 대입하면 성립하지 않지만 $7x+5y=4$에 대입하면 성립한다.

C 연립방정식의 계수가 문자로 주어질 때 21쪽

1 $a=3, b=-1$ 2 $a=3, b=2$
3 $a=-1, b=5$ 4 $a=-3, b=-1$
5 $a=2, b=3$ 6 $a=1, b=-2$
7 $a=8, b=-20$ 8 $a=-4, b=-1$

- -

1 $ax-2y=5$에 $x=1, y=-1$을 대입하면
$a+2=5$ $\therefore a=3$
$x+by=2$에 $x=1, y=-1$을 대입하면
$1-b=2$ $\therefore b=-1$
2 $-2x+ay=4$에 $x=1, y=2$를 대입하면
$-2+2a=4$ $\therefore a=3$
$bx+4y=10$에 $x=1, y=2$를 대입하면
$b+8=10$ $\therefore b=2$
3 $ax+3y=7$에 $x=2, y=3$을 대입하면
$2a+9=7$ $\therefore a=-1$
$bx-2y=4$에 $x=2, y=3$을 대입하면
$2b-6=4$ $\therefore b=5$
4 $x-5ay=10$에 $x=-5, y=1$을 대입하면
$-5-5a=10$ $\therefore a=-3$
$2bx-2y=8$에 $x=-5, y=1$을 대입하면
$-10b-2=8$ $\therefore b=-1$
5 $2x+3ay=20$에 $x=4, y=2$를 대입하면
$8+6a=20$ $\therefore a=2$
$bx-4y=4$에 $x=4, y=2$를 대입하면
$4b-8=4$ $\therefore b=3$
6 $-4ax+y=10$에 $x=-3, y=-2$를 대입하면
$12a-2=10$ $\therefore a=1$
$2bx+3y=6$에 $x=-3, y=-2$를 대입하면
$-6b-6=6$ $\therefore b=-2$
7 $x-ay=15$에 $x=-1, y=-2$를 대입하면
$-1+2a=15$ $\therefore a=8$
$bx+5y=10$에 $x=-1, y=-2$를 대입하면
$-b-10=10$ $\therefore b=-20$
8 $-2ax+y=12$에 $x=1, y=4$를 대입하면
$-2a+4=12$ $\therefore a=-4$
$x+2by=-7$에 $x=1, y=4$를 대입하면
$1+8b=-7$ $\therefore b=-1$

D 연립방정식의 해 또는 계수가 문자로 주어질 때　22쪽

1 $a=2, k=3$　　　　2 $a=1, k=-2$
3 $a=-1, k=4$　　　4 $a=7, k=-1$
5 $a=-6, k=-3$　　6 $a=4, k=5$
7 $a=-5, k=-2$　　8 $a=1, k=6$

---

1 $-x+2y=-8$에 $x=k+1, y=-2$를 대입하면
　$-k-1-4=-8$　　$\therefore k=3$
　따라서 해는 $x=4, y=-2$이므로
　$2ax+4y=8$에 $x=4, y=-2$를 대입하면
　$8a-8=8$　　$\therefore a=2$

2 $-2x+y=-5$에 $x=1, y=2k+1$을 대입하면
　$-2+2k+1=-5$　　$\therefore k=-2$
　따라서 해는 $x=1, y=-3$이므로
　$-4x-5ay=11$에 $x=1, y=-3$을 대입하면
　$-4+15a=11$　　$\therefore a=1$

3 $x+3y=12$에 $x=k-1, y=3$을 대입하면
　$k-1+9=12$　　$\therefore k=4$
　따라서 해는 $x=3, y=3$이므로
　$ax+4y=9$에 $x=3, y=3$을 대입하면
　$3a+12=9$　　$\therefore a=-1$

4 $-3x+2y=16$에 $x=-4, y=k+3$을 대입하면
　$12+2k+6=16$　　$\therefore k=-1$
　따라서 해는 $x=-4, y=2$이므로
　$5x+2ay=8$에 $x=-4, y=2$를 대입하면
　$-20+4a=8$　　$\therefore a=7$

5 $x-5y=13$에 $x=k+1, y=k$를 대입하면
　$k+1-5k=13$　　$\therefore k=-3$
　따라서 해는 $x=-2, y=-3$이므로
　$4x+ay=10$에 $x=-2, y=-3$을 대입하면
　$-8-3a=10$　　$\therefore a=-6$

6 $2x-y=13$에 $x=k-1, y=-k$를 대입하면
　$2k-2+k=13$　　$\therefore k=5$
　따라서 해는 $x=4, y=-5$이므로
　$ax+y=11$에 $x=4, y=-5$를 대입하면
　$4a-5=11$　　$\therefore a=4$

7 $x-2y=6$에 $x=k, y=-2+k$를 대입하면
　$k-2(-2+k)=6, k+4-2k=6$　　$\therefore k=-2$
　따라서 해는 $x=-2, y=-4$이므로
　$-3ax-8y=2$에 $x=-2, y=-4$를 대입하면
　$6a+32=2$　　$\therefore a=-5$

8 $2x-4y=-18$에 $x=k-1, y=k+1$을 대입하면
　$2k-2-4k-4=-18$　　$\therefore k=6$
　따라서 해는 $x=5, y=7$이므로
　$x+ay=12$에 $x=5, y=7$을 대입하면
　$5+7a=12$　　$\therefore a=1$

거저먹는 시험 문제　　23쪽

1 $\begin{cases} x+y=75 \\ y=x+5 \end{cases}$　　2 $\begin{cases} x+y=50 \\ \dfrac{3}{10}x+\dfrac{2}{5}y=18 \end{cases}$

3 ④　　4 ③　　5 ①　　6 -2

3 ④ $3x-y=5, -4x+5y=-3$에 $x=2, y=1$을 대입하면
　모두 식이 성립한다.

5 $x-ay=8$에 $x=4, y=1$을 대입하면
　$4-a=8$　　$\therefore a=-4$
　$2bx+3y=11$에 $x=4, y=1$을 대입하면
　$8b+3=11$　　$\therefore b=1$
　$\therefore a+b=-3$

6 $5x+2y=10$에 $x=-k, y=k-1$을 대입하면
　$-5k+2k-2=10$　　$\therefore k=-4$
　따라서 해는 $x=4, y=-5$이므로
　$-2x+ay=2$에 $x=4, y=-5$를 대입하면
　$-8-5a=2$　　$\therefore a=-2$

03 연립방정식의 풀이

A 가감법 1　　25쪽

1 $x=7, y=-1$　　　2 $x=1, y=6$
3 $x=3, y=1$　　　　4 $x=-1, y=11$
5 $x=-1, y=6$　　　6 $x=8, y=2$
7 $x=4, y=-1$　　　8 $x=1, y=4$

---

1 $\begin{cases} x+y=6 & \cdots\ ㉠ \\ x-y=8 & \cdots\ ㉡ \end{cases}$ 에서 ㉠+㉡을 하면
　$2x=14$　　$\therefore x=7, y=-1$

2 $\begin{cases} -x+y=5 & \cdots\ ㉠ \\ x+y=7 & \cdots\ ㉡ \end{cases}$ 에서 ㉠+㉡을 하면
　$2y=12$　　$\therefore x=1, y=6$

3 $\begin{cases} x+3y=6 & \cdots\ ㉠ \\ x+y=4 & \cdots\ ㉡ \end{cases}$ 에서 ㉠-㉡을 하면
　$2y=2$　　$\therefore y=1, x=3$

4 $\begin{cases} x+y=10 & \cdots\ ㉠ \\ 2x+y=9 & \cdots\ ㉡ \end{cases}$ 에서 ㉠-㉡을 하면
　$-x=1$　　$\therefore x=-1, y=11$

5 $\begin{cases} -2x+y=8 & \cdots\ ㉠ \\ 2x+y=4 & \cdots\ ㉡ \end{cases}$ 에서 ㉠+㉡을 하면
　$2y=12$　　$\therefore y=6, x=-1$

3

6 $\begin{cases} x+4y=16 & \cdots ㉠ \\ 3x-4y=16 & \cdots ㉡ \end{cases}$ 에서 ㉠+㉡을 하면

$4x=32$ ∴ $x=8, y=2$

7 $\begin{cases} 3x+6y=6 & \cdots ㉠ \\ -2x+6y=-14 & \cdots ㉡ \end{cases}$ 에서 ㉠−㉡을 하면

$5x=20$ ∴ $x=4, y=-1$

8 $\begin{cases} -4x+3y=8 & \cdots ㉠ \\ x+3y=13 & \cdots ㉡ \end{cases}$ 에서 ㉠−㉡을 하면

$-5x=-5$ ∴ $x=1, y=4$

B 가감법 2 26쪽

1 $x=3, y=-3$ 2 $x=0, y=4$
3 $x=5, y=2$ 4 $x=4, y=-3$
5 $x=3, y=1$ 6 $x=-7, y=-4$
7 $x=3, y=4$ 8 $x=1, y=1$

1 $\begin{cases} x+2y=-3 & \cdots ㉠ \\ 2x-y=9 & \cdots ㉡ \end{cases}$ 에서 ㉠+㉡×2를 하면

$5x=15$ ∴ $x=3$
$x=3$을 ㉠에 대입하면 $y=-3$

2 $\begin{cases} -3x+y=4 & \cdots ㉠ \\ x+2y=8 & \cdots ㉡ \end{cases}$ 에서 ㉠×2−㉡을 하면

$-7x=0$ ∴ $x=0$
$x=0$을 ㉠에 대입하면 $y=4$

3 $\begin{cases} 2x+3y=16 & \cdots ㉠ \\ x-4y=-3 & \cdots ㉡ \end{cases}$ 에서 ㉠−㉡×2를 하면

$11y=22$ ∴ $y=2$
$y=2$를 ㉡에 대입하면 $x=5$

4 $\begin{cases} -x-4y=8 & \cdots ㉠ \\ 5x+2y=14 & \cdots ㉡ \end{cases}$ 에서 ㉠+㉡×2를 하면

$9x=36$ ∴ $x=4$
$x=4$를 ㉠에 대입하면 $y=-3$

5 $\begin{cases} -x+6y=3 & \cdots ㉠ \\ -3x+4y=-5 & \cdots ㉡ \end{cases}$ 에서 ㉠×3−㉡을 하면

$14y=14$ ∴ $y=1$
$y=1$을 ㉠에 대입하면 $x=3$

6 $\begin{cases} -2x+y=10 & \cdots ㉠ \\ x-7y=21 & \cdots ㉡ \end{cases}$ 에서 ㉠+㉡×2를 하면

$-13y=52$ ∴ $y=-4$
$y=-4$를 ㉡에 대입하면 $x=-7$

7 $\begin{cases} x-3y=-9 & \cdots ㉠ \\ -4x+5y=8 & \cdots ㉡ \end{cases}$ 에서 ㉠×4+㉡을 하면

$-7y=-28$ ∴ $y=4$
$y=4$를 ㉠에 대입하면 $x=3$

8 $\begin{cases} 6x-7y=-1 & \cdots ㉠ \\ -x+4y=3 & \cdots ㉡ \end{cases}$ 에서 ㉠+㉡×6을 하면

$17y=17$ ∴ $y=1$
$y=1$을 ㉡에 대입하면 $x=1$

C 가감법 3 27쪽

1 $x=3, y=3$ 2 $x=-8, y=-2$
3 $x=1, y=1$ 4 $x=3, y=1$
5 $x=-1, y=-1$ 6 $x=2, y=5$
7 $x=-2, y=5$ 8 $x=2, y=2$

1 $\begin{cases} 2x+3y=15 & \cdots ㉠ \\ 3x-2y=3 & \cdots ㉡ \end{cases}$ 에서 ㉠×3, ㉡×2를 하면

$\begin{cases} 6x+9y=45 & \cdots ㉢ \\ 6x-4y=6 & \cdots ㉣ \end{cases}$ 에서 ㉢−㉣을 하면

$13y=39$ ∴ $y=3$
$y=3$을 ㉠에 대입하면 $x=3$

2 $\begin{cases} -2x+4y=8 & \cdots ㉠ \\ 3x-5y=-14 & \cdots ㉡ \end{cases}$ 에서 ㉠×3, ㉡×2를 하면

$\begin{cases} -6x+12y=24 & \cdots ㉢ \\ 6x-10y=-28 & \cdots ㉣ \end{cases}$ 에서 ㉢+㉣을 하면

$2y=-4$ ∴ $y=-2$
$y=-2$를 ㉡에 대입하면 $x=-8$

3 $\begin{cases} 3x+5y=8 & \cdots ㉠ \\ 5x+2y=7 & \cdots ㉡ \end{cases}$ 에서 ㉠×2, ㉡×5를 하면

$\begin{cases} 6x+10y=16 & \cdots ㉢ \\ 25x+10y=35 & \cdots ㉣ \end{cases}$ 에서 ㉢−㉣을 하면

$-19y=-19$ ∴ $y=1$
$y=1$을 ㉠에 대입하면 $x=1$

4 $\begin{cases} 5x-2y=13 & \cdots ㉠ \\ 2x-3y=3 & \cdots ㉡ \end{cases}$ 에서 ㉠×3, ㉡×2를 하면

$\begin{cases} 15x-6y=39 & \cdots ㉢ \\ 4x-6y=6 & \cdots ㉣ \end{cases}$ 에서 ㉢−㉣을 하면

$11x=33$ ∴ $x=3$
$x=3$을 ㉡에 대입하면 $y=1$

5 $\begin{cases} 3x+2y=-5 & \cdots ㉠ \\ -4x+7y=-3 & \cdots ㉡ \end{cases}$ 에서 ㉠×4, ㉡×3을 하면

$\begin{cases} 12x+8y=-20 & \cdots ㉢ \\ -12x+21y=-9 & \cdots ㉣ \end{cases}$ 에서 ㉢+㉣을 하면

$29y=-29$ ∴ $y=-1$
$y=-1$을 ㉠에 대입하면 $x=-1$

6 $\begin{cases} 7x-4y=-6 & \cdots ㉠ \\ 5x-3y=-5 & \cdots ㉡ \end{cases}$ 에서 ㉠×3, ㉡×4를 하면

$\begin{cases} 21x-12y=-18 & \cdots \, \text{ⓒ} \\ 20x-12y=-20 & \cdots \, \text{ⓔ} \end{cases}$ 에서 ⓒ-ⓔ을 하면

$x=2$

$x=2$를 ⓛ에 대입하면 $y=5$

7 $\begin{cases} 9x+2y=-8 & \cdots \, \text{ⓐ} \\ 4x+5y=17 & \cdots \, \text{ⓛ} \end{cases}$ 에서 ⓐ×5, ⓛ×2를 하면

$\begin{cases} 45x+10y=-40 & \cdots \, \text{ⓒ} \\ 8x+10y=34 & \cdots \, \text{ⓔ} \end{cases}$ 에서 ⓒ-ⓔ을 하면

$37x=-74 \quad \therefore x=-2$

$x=-2$를 ⓐ에 대입하면 $y=5$

8 $\begin{cases} 5x-7y=-4 \cdots \, \text{ⓐ} \\ 4x-3y=2 \quad \cdots \, \text{ⓛ} \end{cases}$ 에서 ⓐ×4, ⓛ×5를 하면

$\begin{cases} 20x-28y=-16 & \cdots \, \text{ⓒ} \\ 20x-15y=10 & \cdots \, \text{ⓔ} \end{cases}$ 에서 ⓒ-ⓔ을 하면

$-13y=-26 \quad \therefore y=2$

$y=2$를 ⓛ에 대입하면 $x=2$

D 대입법 1

28쪽

1 $x=1, y=2$ 2 $x=-7, y=12$
3 $x=-4, y=2$ 4 $x=2, y=2$
5 $x=8, y=11$ 6 $x=5, y=2$
7 $x=1, y=2$ 8 $x=-11, y=-5$

- -

1 $\begin{cases} y=x+1 & \cdots \, \text{ⓐ} \\ x+y=3 & \cdots \, \text{ⓛ} \end{cases}$ 에서 ⓐ을 ⓛ에 대입하면

$x+(x+1)=3 \quad \therefore x=1$

$x=1$을 ⓐ에 대입하면 $y=2$

2 $\begin{cases} y=-x+5 & \cdots \, \text{ⓐ} \\ 2x+y=-2 & \cdots \, \text{ⓛ} \end{cases}$ 에서 ⓐ을 ⓛ에 대입하면

$2x+(-x+5)=-2 \quad \therefore x=-7$

$x=-7$을 ⓐ에 대입하면 $y=12$

3 $\begin{cases} x=-3y+2 & \cdots \, \text{ⓐ} \\ x+2y=0 & \cdots \, \text{ⓛ} \end{cases}$ 에서 ⓐ을 ⓛ에 대입하면

$(-3y+2)+2y=0 \quad \therefore y=2$

$y=2$를 ⓐ에 대입하면 $x=-4$

4 $\begin{cases} x=4y-6 & \cdots \, \text{ⓐ} \\ x+3y=8 & \cdots \, \text{ⓛ} \end{cases}$ 에서 ⓐ을 ⓛ에 대입하면

$(4y-6)+3y=8 \quad \therefore y=2$

$y=2$를 ⓐ에 대입하면 $x=2$

5 $\begin{cases} y=x+3 & \cdots \, \text{ⓐ} \\ 2x-y=5 & \cdots \, \text{ⓛ} \end{cases}$ 에서 ⓐ을 ⓛ에 대입하면

$2x-(x+3)=5 \quad \therefore x=8$

$x=8$을 ⓐ에 대입하면 $y=11$

6 $\begin{cases} y=-x+7 & \cdots \, \text{ⓐ} \\ 3x-2y=11 & \cdots \, \text{ⓛ} \end{cases}$ 에서 ⓐ을 ⓛ에 대입하면

$3x-2(-x+7)=11 \quad \therefore x=5$

$x=5$를 ⓐ에 대입하면 $y=2$

7 $\begin{cases} x=2y-3 & \cdots \, \text{ⓐ} \\ 3x+y=5 & \cdots \, \text{ⓛ} \end{cases}$ 에서 ⓐ을 ⓛ에 대입하면

$3(2y-3)+y=5 \quad \therefore y=2$

$y=2$를 ⓐ에 대입하면 $x=1$

8 $\begin{cases} x=3y+4 & \cdots \, \text{ⓐ} \\ -3x+5y=8 & \cdots \, \text{ⓛ} \end{cases}$ 에서 ⓐ을 ⓛ에 대입하면

$-3(3y+4)+5y=8 \quad \therefore y=-5$

$y=-5$를 ⓐ에 대입하면 $x=-11$

E 대입법 2

29쪽

1 $x=1, y=8$ 2 $x=2, y=-2$
3 $x=3, y=2$ 4 $x=-1, y=-1$
5 $x=5, y=1$ 6 $x=1, y=3$
7 $x=0, y=4$ 8 $x=-5, y=-1$

- -

1 $\begin{cases} y=x+7 \\ y=2x+6 \end{cases}$ 에서 $x+7=2x+6 \quad \therefore x=1, y=8$

2 $\begin{cases} y=-3x+4 \\ y=2x-6 \end{cases}$ 에서 $-3x+4=2x-6$

$\therefore x=2, y=-2$

3 $\begin{cases} x=-2y+7 \\ x=-4y+11 \end{cases}$ 에서 $-2y+7=-4y+11, 2y=4$

$\therefore y=2, x=3$

4 $\begin{cases} x=7y+6 \\ x=2y+1 \end{cases}$ 에서 $7y+6=2y+1 \quad \therefore x=-1, y=-1$

5 $\begin{cases} x-2y=3 & \cdots \, \text{ⓐ} \\ 2x-3y=7 & \cdots \, \text{ⓛ} \end{cases}$

ⓐ에서 $x=2y+3$

이 식을 ⓛ에 대입하면

$2(2y+3)-3y=7, 4y+6-3y=7 \quad \therefore y=1, x=5$

6 $\begin{cases} 7x+y=10 & \cdots \, \text{ⓐ} \\ 5x+2y=11 & \cdots \, \text{ⓛ} \end{cases}$

ⓐ에서 $y=-7x+10$

이 식을 ⓛ에 대입하면

$5x+2(-7x+10)=11, 5x-14x+20=11$

$\therefore x=1, y=3$

7 $\begin{cases} 5x+y=4 & \cdots \, \text{ⓐ} \\ x+3y=12 & \cdots \, \text{ⓛ} \end{cases}$

ⓐ에서 $y=-5x+4$

이 식을 ㉡에 대입하면

$x+3(-5x+4)=12, x-15x+12=12$

$\therefore x=0, y=4$

8 $\begin{cases} -x+4y=1 & \cdots ㉠ \\ 2x-7y=-3 & \cdots ㉡ \end{cases}$

㉠에서 $x=4y-1$

이 식을 ㉡에 대입하면

$2(4y-1)-7y=-3, 8y-2-7y=-3$

$\therefore x=-5, y=-1$

 거저먹는 시험 문제 30쪽

1 ②	2 ④	3 −4	4 2
5 ①	6 ③		

---

3 $\begin{cases} 3x-10y=-1 & \cdots ㉠ \\ x-5y=-2 & \cdots ㉡ \end{cases}$ 에서 ㉠−㉡×2를 하면 $x=3$

$x=3$을 ㉡에 대입하면 $y=1$

$x=3, y=1$을 $x+y+a=0$에 대입하면

$3+1+a=0$ $\therefore a=-4$

4 ㉠을 ㉡에 대입하면

$4(3y-2)-10y=5, 12y-8-10y=5, 2y=13$

$\therefore a=2$

5 연립방정식 $\begin{cases} y=3x+4 \\ 5x-2y=1 \end{cases}$ 의 해가 $x=-9, y=-23$이므로

$a=-9, b=-23$

$\therefore a-b=-9+23=14$

6 연립방정식 $\begin{cases} y=-7x+5 \\ y=-3x+1 \end{cases}$ 의 해가 $x=1, y=-2$이므로

$a=1, b=-2$ $\therefore ab=-2$

---

04 조건이 주어진 연립방정식의 풀이

A 연립방정식의 해를 알 때 미지수 구하기 32쪽

1 $a=1, b=1$	2 $a=5, b=3$
3 $a=-2, b=2$	4 $a=3, b=-4$
5 $a=-2, b=2$	6 $a=5, b=-3$
7 $a=-3, b=-4$	8 $a=1, b=-2$

- - - - - - - - - - - - - - - - - - -

1 연립방정식의 해가 $x=1, y=2$이므로

$\begin{cases} ax+by=3 \\ -bx+ay=1 \end{cases}$ 에 대입하면 $\begin{cases} a+2b=3 & \cdots ㉠ \\ -b+2a=1 & \cdots ㉡ \end{cases}$

㉠, ㉡을 연립하여 풀면 $a=1, b=1$

2 연립방정식의 해가 $x=1, y=2$이므로

$\begin{cases} ax-by=-1 \\ bx+ay=13 \end{cases}$ 에 대입하면 $\begin{cases} a-2b=-1 & \cdots ㉠ \\ b+2a=13 & \cdots ㉡ \end{cases}$

㉠, ㉡을 연립하여 풀면 $a=5, b=3$

3 연립방정식의 해가 $x=1, y=2$이므로

$\begin{cases} -ax+by=6 \\ -bx+ay=-6 \end{cases}$ 에 대입하면 $\begin{cases} -a+2b=6 & \cdots ㉠ \\ -b+2a=-6 & \cdots ㉡ \end{cases}$

㉠, ㉡을 연립하여 풀면 $a=-2, b=2$

4 연립방정식의 해가 $x=1, y=2$이므로

$\begin{cases} ax+by=-5 \\ bx+ay=2 \end{cases}$ 에 대입하면 $\begin{cases} a+2b=-5 & \cdots ㉠ \\ b+2a=2 & \cdots ㉡ \end{cases}$

㉠, ㉡을 연립하여 풀면 $a=3, b=-4$

5 연립방정식의 해가 $x=-3, y=1$이므로

$\begin{cases} ax-by=4 \\ -bx+ay=4 \end{cases}$ 에 대입하면 $\begin{cases} -3a-b=4 & \cdots ㉠ \\ 3b+a=4 & \cdots ㉡ \end{cases}$

㉠, ㉡을 연립하여 풀면 $a=-2, b=2$

6 연립방정식의 해가 $x=-3, y=1$이므로

$\begin{cases} -ax+by=12 \\ bx-ay=4 \end{cases}$ 에 대입하면 $\begin{cases} 3a+b=12 & \cdots ㉠ \\ -3b-a=4 & \cdots ㉡ \end{cases}$

㉠+㉡×3을 하면 $a=5, b=-3$

7 연립방정식의 해가 $x=-3, y=1$이므로

$\begin{cases} ax+by=5 \\ bx-ay=15 \end{cases}$ 에 대입하면 $\begin{cases} -3a+b=5 & \cdots ㉠ \\ -3b-a=15 & \cdots ㉡ \end{cases}$

㉠, ㉡을 연립하여 풀면 $a=-3, b=-4$

8 연립방정식의 해가 $x=-3, y=1$이므로

$\begin{cases} -ax+by=1 \\ -bx+ay=-5 \end{cases}$ 에 대입하면 $\begin{cases} 3a+b=1 & \cdots ㉠ \\ 3b+a=-5 & \cdots ㉡ \end{cases}$

㉠, ㉡을 연립하여 풀면 $a=1, b=-2$

B 연립방정식의 해를 한 해로 갖는 일차방정식이 주어질 때 미지수 구하기 33쪽

1 3	2 9	3 $\dfrac{5}{2}$	4 −6
5 −23	6 0	7 7	8 −2

- - - - - - - - - - - - - - - - - - -

1 $4x-y=6$과 $y=2x$를 연립하여 풀면 $x=3, y=6$

이 값을 $3x-y=a$에 대입하면 $a=3$

2 $5x-2y=9$와 $y=4x$를 연립하여 풀면

$x=-3, y=-12$

이 값을 $x-y=a$에 대입하면 $a=9$

3 $x-7y=5$와 $x=-3y$를 연립하여 풀면

$x=\dfrac{3}{2}, y=-\dfrac{1}{2}$

이 값을 $2x+y=a$에 대입하면 $a=\dfrac{5}{2}$

4 $2x-5y=15$와 $x=5y$를 연립하여 풀면

$x=15, y=3$

이 값을 $-x+3y=a$에 대입하면 $a=-6$

5 $2x+y=7$과 $6x-y=1$을 연립하여 풀면

$x=1, y=5$

이 값을 $2x-5y=a$에 대입하면 $a=-23$

6 $3x-7y=13$과 $-3x+y=-1$을 연립하여 풀면

$x=-\dfrac{1}{3}, y=-2$

이 값을 $6x-y=a$에 대입하면 $a=0$

7 $3x-2y=-1$과 $2x+y=4$를 연립하여 풀면

$x=1, y=2$

이 값을 $x+3y=a$에 대입하면 $a=7$

8 $4x-5y=13$과 $x-2y=1$을 연립하여 풀면

$x=7, y=3$

이 값을 $x-3y=a$에 대입하면 $a=-2$

C 연립방정식의 해의 조건이 주어질 때 미지수 구하기

34쪽

1 12	2 4	3 -4	4 1
5 -2	6 -5	7 $\dfrac{7}{4}$	8 5

1 x의 값이 y의 값의 3배이므로 $x=3y$와 $2x-3y=9$를 연립하여 풀면 $x=9, y=3$

이 값을 $x+2y=a+3$에 대입하면 $a=12$

2 x의 값이 y의 값의 5배이므로

$x=5y$와 $3x-7y=4$를 연립하여 풀면 $x=\dfrac{5}{2}, y=\dfrac{1}{2}$

이 값을 $2x-y=a+\dfrac{1}{2}$에 대입하면 $a=4$

3 y의 값이 x의 값의 3배이므로

$y=3x$와 $5x-4y=7$을 연립하여 풀면

$x=-1, y=-3$

이 값을 $x+3y=a-6$에 대입하면 $a=-4$

4 y의 값이 x의 값의 $\dfrac{1}{2}$배이므로

$y=\dfrac{1}{2}x$와 $8x-6y=15$를 연립하여 풀면

$x=3, y=\dfrac{3}{2}$

이 값을 $-2x+6y=3a$에 대입하면 $a=1$

5 x와 y의 값의 비가 $1:2$이므로 $y=2x$와 $3x-4y=10$을 연립하여 풀면 $x=-2, y=-4$

이 값을 $x+ay=6$에 대입하면 $a=-2$

6 x와 y의 값의 비가 $2:3$이므로

$2y=3x$와 $x-6y=16$을 연립하여 풀면

이 값을 $ax+y=7$에 대입하면 $a=-5$

7 x와 y의 값의 비가 $4:3$이므로

$4y=3x$와 $5x-4y=8$을 연립하여 풀면

$x=4, y=3$

이 값을 $2ax-3y=5$에 대입하면 $a=\dfrac{7}{4}$

8 x와 y의 값의 비가 $5:4$이므로 $4x=5y$와 $3x-10y=15$를

연립하여 풀면 $x=-3, y=-\dfrac{12}{5}$

이 값을 $2x-ay=6$에 대입하면 $a=5$

D 해가 서로 같은 두 연립방정식에서 미지수 구하기 35쪽

1 $a=7, b=1$	2 $a=4, b=1$
3 $a=5, b=8$	4 $a=-2, b=-4$
5 $a=-4, b=-14$	6 $a=4, b=6$
7 $a=-2, b=0$	8 $a=2, b=-5$

1 $x-y=5, 2x+y=4$를 연립하여 풀면 $x=3, y=-2$

이 값을 $3x+y=a, 2x-by=8$에 대입하면 $a=7, b=1$

2 $x+2y=3, -x+3y=2$를 연립하여 풀면

$x=1, y=1$

이 값을 $5x-y=a, bx-4y=-3$에 대입하면

$a=4, b=1$

3 $-3x+y=1, x+2y=2$를 연립하여 풀면 $x=0, y=1$

이 값을 $7x-ay=-5, x-8y=-b$에 대입하면

$a=5, b=8$

4 $2x+5y=2, x+6y=8$을 연립하여 풀면

$x=-4, y=2$

이 값을 $ax+3y=14, -3x+by=4$에 대입하면

$a=-2, b=-4$

5 $2x+3y=5, 3x+2y=-5$를 연립하여 풀면 $x=-5, y=5$

이 값을 $x-ay=15, -2x-5y=b-1$에 대입하면

$a=-4, b=-14$

6 $-4x+3y=1, 3x-5y=2$를 연립하여 풀면

$x=-1, y=-1$

이 값을 $x-2ay=7, bx-7y=1$에 대입하면

$a=4, b=6$

7 $2x-7y=5, 5x-16y=5$를 연립하여 풀면

$x=-15, y=-5$

이 값을 $x+3ay=15, x-3y=b$에 대입하면

$a=-2, b=0$

8 $4x-9y=3, 5x-11y=2$를 연립하여 풀면

$x=-15, y=-7$

이 값을 $-ax+2y=16, 2x+by=5$에 대입하면

$a=2, b=-5$

$1\ a=2, b=3$ $2\ ①$ $3\ ①$ $4\ ②$
$5\ ⑤$ $6\ -18$

1 $ax+by=4$, $bx+2ay=5$에 $x=-1, y=2$를 대입하면
  $-a+2b=4$, $-b+4a=5$
  이 두 방정식을 연립하여 풀면 $a=2, b=3$

2 $ax-by=29$, $3bx+ay=5$에 $x=-4, y=1$을 대입하면
  $-4a-b=29$, $-12b+a=5$
  이 두 방정식을 연립하여 풀면 $a=-7$, $b=-1$
  $∴ a-2b=-5$

3 $3x=-y+1$, $5x+2y=-1$을 연립하여 풀면
  $x=3, y=-8$
  이 값을 $kx-2y=19$에 대입하면 $k=1$

4 $6x+y=5$와 $-2x+3y=-5$를 연립하여 풀면
  $x=1, y=-1$ $∴ m=1, n=-1$
  이 값을 $-4x+ay=-3$에 대입하면 $a=-1$
  $∴ m+n+a=-1$

5 x의 값이 y의 값보다 4만큼 크므로 $x=y+4$
  $2x-3y=9$와 연립하여 풀면 $x=3, y=-1$
  이 값을 $ax+4y=8$에 대입하면 $a=4$

6 해가 $x=-\dfrac{1}{2}$, $y=1$이므로 $a=3, b=-6$
  $∴ ab=-18$

05 복잡한 연립방정식의 풀이

A 괄호가 있는 연립방정식의 풀이   38쪽

$1\ x=2, y=-1$ $2\ x=2, y=2$
$3\ x=\dfrac{1}{4}, y=0$ $4\ x=-7, y=1$
$5\ x=3, y=8$ $6\ x=1, y=1$
$7\ x=1, y=-1$ $8\ x=-3, y=4$

1 $2(x-y)+3y=3$에서 $2x+y=3$
  $-x+3(x-y)=7$에서 $2x-3y=7$
  위의 두 식을 연립하여 풀면 $x=2, y=-1$

2 $-(x-3y)-6y=-8$에서 $-x-3y=-8$
  $5x-3(x-y)=10$에서 $2x+3y=10$
  위의 두 식을 연립하여 풀면 $x=2, y=2$

3 $6x-(2x+y)=1$에서 $4x-y=1$
  $4(-2x+y)-3y=-2$에서 $-8x+y=-2$
  위의 두 식을 연립하여 풀면 $x=\dfrac{1}{4}, y=0$

4 $3x-(5x+y)=13$에서 $-2x-y=13$
  $2(x-2y)-3x=3$에서 $-x-4y=3$
  위의 두 식을 연립하여 풀면 $x=-7, y=1$

5 $-(x+4y)+5y=5$에서 $-x+y=5$
  $2x+5(x-y)=-19$에서 $7x-5y=-19$
  위의 두 식을 연립하여 풀면 $x=3, y=8$

6 $7(x-y)+4y=4$에서 $7x-3y=4$
  $4x+2(x-y)=4$에서 $6x-2y=4$
  위의 두 식을 연립하여 풀면 $x=1, y=1$

7 $x-(3x+4y)=2$에서 $-2x-4y=2$
  $2(4x+y)+5y=1$에서 $8x+7y=1$
  위의 두 식을 연립하여 풀면 $x=1, y=-1$

8 $10x-3(3x-y)=9$에서 $x+3y=9$
  $4(x-2y)+13y=8$에서 $4x+5y=8$
  위의 두 식을 연립하여 풀면 $x=-3, y=4$

B 계수가 소수인 연립방정식의 풀이   39쪽

$1\ x=7, y=3$ $2\ x=-19, y=-6$
$3\ x=6, y=7$ $4\ x=2, y=-1$
$5\ x=-4, y=-10$ $6\ x=2, y=2$
$7\ x=-1, y=1$ $8\ x=-3, y=2$

1 $0.1x-0.3y=-0.2$의 양변에 10을 곱하면 $x-3y=-2$
  $-0.1x+0.4y=0.5$의 양변에 10을 곱하면 $-x+4y=5$
  위의 두 식을 연립하여 풀면 $x=7, y=3$

2 $0.2x-0.7y=0.4$의 양변에 10을 곱하면 $2x-7y=4$
  $0.1x-0.4y=0.5$의 양변에 10을 곱하면 $x-4y=5$
  위의 두 식을 연립하여 풀면 $x=-19, y=-6$

3 $-0.3x+0.4y=1$의 양변에 10을 곱하면 $-3x+4y=10$
  $0.02x-0.01y=0.05$의 양변에 100을 곱하면 $2x-y=5$
  위의 두 식을 연립하여 풀면 $x=6, y=7$

4 $0.05x-0.02y=0.12$의 양변에 100을 곱하면 $5x-2y=12$
  $0.3x+0.4y=0.2$의 양변에 10을 곱하면 $3x+4y=2$
  위의 두 식을 연립하여 풀면 $x=2, y=-1$

5 $-0.2x+0.04y=0.4$의 양변에 100을 곱하면
  $-20x+4y=40$
  $0.05x-0.03y=0.1$의 양변에 100을 곱하면 $5x-3y=10$
  위의 두 식을 연립하여 풀면 $x=-4, y=-10$

6 $0.06x-0.1y=-0.08$의 양변 100을 곱하면 $6x-10y=-8$
  $0.18x-0.07y=0.22$의 양변에 100을 곱하면
  $18x-7y=22$
  위의 두 식을 연립하여 풀면 $x=2, y=2$

7 $-0.1x+0.2y=0.3$의 양변에 10을 곱하면 $-x+2y=3$
  $0.3x+0.25y=-0.05$의 양변에 100을 곱하면
  $30x+25y=-5$
  위의 두 식을 연립하여 풀면 $x=-1, y=1$

8 $0.04x+0.1y=0.08$의 양변에 100을 곱하면 $4x+10y=8$

$0.2x+0.17y=-0.26$의 양변에 100을 곱하면

$20x+17y=-26$

위의 두 식을 연립하여 풀면 $x=-3,\ y=2$

C 계수가 분수인 연립방정식의 풀이 40쪽

1 $x=-\dfrac{10}{3},\ y=-4$ 　　**2** $x=-10,\ y=-6$

3 $x=-\dfrac{5}{8},\ y=1$ 　　**4** $x=2,\ y=3$

5 $x=1,\ y=\dfrac{3}{5}$ 　　**6** $x=\dfrac{1}{4},\ y=2$

7 $x=3,\ y=3$ 　　**8** $x=-2,\ y=1$

- -

1 $\dfrac{1}{2}x-\dfrac{2}{3}y=1$의 양변에 6을 곱하면 $3x-4y=6$

$-\dfrac{3}{4}x+\dfrac{1}{8}y=2$의 양변에 8을 곱하면 $-6x+y=16$

위의 두 식을 연립하여 풀면 $x=-\dfrac{10}{3},\ y=-4$

2 $\dfrac{1}{4}x-\dfrac{5}{6}y=\dfrac{5}{2}$의 양변에 12를 곱하면 $3x-10y=30$

$-\dfrac{2}{5}x+\dfrac{1}{2}y=1$의 양변에 10을 곱하면

$-4x+5y=10$

위의 두 식을 연립하여 풀면 $x=-10,\ y=-6$

3 $-x-\dfrac{1}{4}y=\dfrac{3}{8}$의 양변에 8을 곱하면 $-8x-2y=3$

$\dfrac{8}{3}x+2y=\dfrac{1}{3}$의 양변에 3을 곱하면 $8x+6y=1$

위의 두 식을 연립하여 풀면 $x=-\dfrac{5}{8},\ y=1$

4 $\dfrac{1}{4}x-\dfrac{2}{3}y=-\dfrac{3}{2}$의 양변에 12를 곱하면 $3x-8y=-18$

$-\dfrac{1}{2}x+\dfrac{5}{6}y=\dfrac{3}{2}$의 양변에 6을 곱하면 $-3x+5y=9$

위의 두 식을 연립하여 풀면 $x=2,\ y=3$

5 $\dfrac{7}{5}x+y=2$의 양변에 5를 곱하면 $7x+5y=10$

$-\dfrac{5}{2}x+\dfrac{5}{3}y=-\dfrac{3}{2}$의 양변에 6을 곱하면

$-15x+10y=-9$

위의 두 식을 연립하여 풀면 $x=1,\ y=\dfrac{3}{5}$

6 $x-\dfrac{7}{8}y=-\dfrac{3}{2}$의 양변에 8을 곱하면 $8x-7y=-12$

$-\dfrac{8}{5}x+\dfrac{1}{2}y=\dfrac{3}{5}$의 양변에 10을 곱하면

$-16x+5y=6$

위의 두 식을 연립하여 풀면 $x=\dfrac{1}{4},\ y=2$

7 $\dfrac{1}{3}x+\dfrac{3}{4}y=\dfrac{13}{4}$의 양변에 12를 곱하면 $4x+9y=39$

$\dfrac{5}{6}x-\dfrac{1}{4}y=\dfrac{7}{4}$의 양변에 12를 곱하면 $10x-3y=21$

위의 두 식을 연립하여 풀면 $x=3,\ y=3$

8 $\dfrac{2}{3}x+\dfrac{5}{2}y=\dfrac{7}{6}$의 양변에 6을 곱하면 $4x+15y=7$

$\dfrac{5}{4}x+\dfrac{7}{2}y=1$의 양변에 4를 곱하면 $5x+14y=4$

위의 두 식을 연립하여 풀면 $x=-2,\ y=1$

D 방정식 $A=B=C$의 풀이 41쪽

1 $x=2,\ y=3$ 　　**2** $x=4,\ y=1$

3 $x=3,\ y=1$ 　　**4** $x=-1,\ y=1$

5 $x=2,\ y=1$ 　　**6** $x=1,\ y=-1$

7 $x=4,\ y=2$ 　　**8** $x=2,\ y=-2$

- -

1 $3x-y=3,\ -5x+2y+7=3$이므로

$\begin{cases} 3x-y=3 \\ -5x+2y=-4 \end{cases}$　$\therefore x=2,\ y=3$

2 $x+7y-6=5,\ 4x-11y=5$이므로

$\begin{cases} x+7y=11 \\ 4x-11y=5 \end{cases}$　$\therefore x=4,\ y=1$

3 $2x-9y+5=x-1,\ -3x+8y+3=x-1$이므로

$\begin{cases} x-9y=-6 \\ -4x+8y=-4 \end{cases}$　$\therefore x=3,\ y=1$

4 $-5x+2y-1=y+5,\ y+5=x+2y+5$이므로

$\begin{cases} -5x+y=6 \\ x+y=0 \end{cases}$　$\therefore x=-1,\ y=1$

5 $-3x+4y+1=x-3y,\ 2x-y-4=x-3y$이므로

$\begin{cases} -4x+7y=-1 \\ x+2y=4 \end{cases}$　$\therefore x=2,\ y=1$

6 $2x-5y-2=x+y+5,\ x+y+5=3x+y+3$이므로

$\begin{cases} x-6y=7 \\ -2x=-2 \end{cases}$　$\therefore x=1,\ y=-1$

7 $x-2y+3=-2x+5y+1,\ -2x+5y+1=x+3y-7$이므로

$\begin{cases} 3x-7y=-2 \\ -3x+2y=-8 \end{cases}$　$\therefore x=4,\ y=2$

8 $x+5y+14=2x-y,\ 4x+3y+4=2x-y$이므로

$\begin{cases} -x+6y=-14 \\ 2x+4y=-4 \end{cases}$　$\therefore x=2,\ y=-2$

E 해가 무수히 많거나 없는 연립방정식 42 쪽

1 ○ 　**2** ○ 　**3** × 　**4** ×

5 ○ 　**6** ○ 　**7** × 　**8** ○

- -

1 $2x-y=-4$의 모든 항에 3을 곱하면

$6x-3y=-12$가 되어 두 식이 일치하므로 해가 무수히 많다.

2 $4x-5y=3$의 양변에 -2를 곱하면

$-8x+10y=-6$이 되어 두 식이 일치하므로 해가 무수히 많다.

3 $-3x+4y=-2$의 모든 항에 -2를 곱하면

$6x-8y=4$가 되어 주어진 식인 $6x-8y=1$과 x의 계수와 y의 계수는 같지만 상수항이 다르므로 해가 없다.

4 $2x-5y=4$의 양변에 5를 곱하면 $10x-25y=20$이 되어

$10x-25y=-20$과 x의 계수와 y의 계수는 같지만 상수항이 다르므로 해가 없다.

5 $-x+2(x+3y)=4$에서 $x+6y=4$

$-(x-y)-7y=-4$에서 $x+6y=4$

따라서 두 식이 일치하므로 해가 무수히 많다.

6 $2(-x+5y)-4y=8$에서 $-2x+6y=8$

$2(x+3y)-3(x+y)=4$에서 $-x+3y=4$

$-x+3y=4$의 모든 항에 2를 곱하면

$-2x+6y=8$과 일치하므로 해가 무수히 많다.

7 $3(x+3y)-7y=1$에서 $3x+2y=1$

$-2y+6(x+y)=3$에서 $6x+4y=3$

$3x+2y=1$의 모든 항에 2를 곱하면 $6x+4y=2$가 되어 $6x+4y=3$과 x의 계수와 y의 계수는 같지만 상수항이 다르므로 해가 없다.

8 $4x-(2x+y)=5$에서 $2x-y=5$

$4x+4(x-y)=20$에서 $8x-4y=20$

$2x-y=5$의 모든 항에 4를 곱하면 $8x-4y=20$과 일치하므로 해가 무수히 많다.

거저먹는 시험 문제 43쪽

1 ② **2** $x=2, y=\dfrac{5}{3}$

3 $x=-2, y=-\dfrac{12}{5}$ **4** $x=-6, y=-\dfrac{3}{2}$

5 ① **6** ③

1 주어진 연립방정식의 괄호를 풀어 정리하면

$\begin{cases} 5x-2y=5 \\ 4x-y=1 \end{cases}$ $\therefore x=-1, y=-5$

따라서 $a+b=-1-5=-6$이다.

2 $\dfrac{1}{2}x-0.3y=0.5$의 양변에 10을 곱하면

$5x-3y=5$

$-0.4x+\dfrac{3}{5}y=0.2$의 양변에 10을 곱하면

$-4x+6y=2$

위의 두 식을 연립하여 풀면 $x=2, y=\dfrac{5}{3}$

3 $\dfrac{x+3y}{4}-\dfrac{2x+y}{3}=-\dfrac{1}{6}$의 양변에 12를 곱하면

$3(x+3y)-4(2x+y)=-2$, $-5x+5y=-2$

$-\dfrac{3x-1}{2}+\dfrac{5}{4}y=\dfrac{1}{2}$의 양변에 4를 곱하면

$-2(3x-1)+5y=2$, $-6x+5y=0$

위의 두 식을 연립하여 풀면 $x=-2, y=-\dfrac{12}{5}$

4 $\begin{cases} \dfrac{x-4y}{2}=\dfrac{x+6}{5} \\ \dfrac{x+6}{5}=\dfrac{x-4y}{4} \end{cases}$ 로 고쳐서 분모의 최소공배수인 10과 20

을 각각 곱하면

$\begin{cases} 5(x-4y)=2(x+6) \\ 4(x+6)=5(x-4y) \end{cases}$ $\Rightarrow$ $\begin{cases} 3x-20y=12 \\ -x+20y=-24 \end{cases}$

$\therefore x=-6, y=-\dfrac{3}{2}$

5 $ax-3y=5$의 양변에 -2를 곱하면

$-2ax+6y=-10$

이 식은 $-4x+by=-10$과 일치해야 하므로

$-2a=-4$에서 $a=2, b=6$

$\therefore a-b=2-6=-4$

6 $5x-2y=a$의 양변에 -4를 곱하면

$-20x+8y=-4a$

이 식은 $-20x+8y=-12$와 상수항이 일치하면 안 되므로

$-4a\neq-12$ $\therefore a\neq 3$

06 연립방정식의 활용 1

A 수의 연산에 대한 문제 45쪽

1 27	2 43	3 18	4 8
5 6	6 27		

2 큰 수를 x, 작은 수를 y라 하면

$x+y=65, x-y=21$

위의 두 식을 연립하여 풀면 $x=43, y=22$

3 큰 수를 x, 작은 수를 y라 하면

$x+y=74, x-y=38$

위의 두 식을 연립하여 풀면 $x=56, y=18$

5 큰 수를 x, 작은 수를 y라 하면

$x+y=27, x-3y=3$

위의 두 식을 연립하여 풀면 $x=21, y=6$

6 큰 수를 x, 작은 수를 y라 하면

$x+y=42, 3y-x=18$

위의 두 식을 연립하여 풀면 $x=27, y=15$

B 자연수의 자릿수 변화에 대한 문제 46쪽

1 9, 27, 36	2 84	3 5, 2, 4, 49	4 26

2 처음 수의 십의 자리의 숫자를 x, 일의 자리의 숫자를 y라 하면 각 자리의 숫자의 합은 12이므로

$x+y=12$

처음 수는 $10x+y$, 바꾼 수는 $10y+x$이므로

$10y+x=10x+y-36$

위의 두 식을 연립하여 풀면 $x=8$, $y=4$

4 처음 수의 십의 자리의 숫자를 x, 일의 자리의 숫자를 y라 하면 일의 자리의 숫자는 십의 자리의 숫자보다 4만큼 크므로

$y=x+4$

처음 수는 $10x+y$, 바꾼 수는 $10y+x$이므로

$10y+x=3(10x+y)-16$

위의 두 식을 연립하여 풀면 $x=2$, $y=6$

C 개수, 가격에 대한 문제 1   47쪽

1 7, 1000, 700, 4개   **2** 볼펜 : 4자루, 공책 : 2권
3 56, 1500, 800, 어른 : 20명, 청소년 : 36명
4 어른 : 9명, 청소년 : 18명

- -

2 볼펜을 x자루, 공책을 y권 샀다고 하면

$x+y=6$, $800x+2000y=7200$

위의 두 식을 연립하여 풀면 $x=4$, $y=2$

4 어른의 수를 x명, 청소년의 수를 y명이라 하면

$x+y=27$, $12000x+8000y=252000$

위의 두 식을 연립하여 풀면 $x=9$, $y=18$

D 개수, 가격에 대한 문제 2   48쪽

1 5, 3, 7, 4, 1000원   **2** 1200원
3 2, 5, 3, 3, 2500원   **4** 1200원

- -

2 감자 과자 한 개의 가격을 x원, 고구마 과자 한 개의 가격을 y원이라 하면

$6x+4y=14400$, $3x+7y=13200$

위의 두 식을 연립하여 풀면 $x=1600$, $y=1200$

4 샤프펜슬 한 자루의 가격을 x원, 볼펜 한 자루의 가격을 y원이라 하면

$2x+4y=12800$, $4x+3y=19600$

위의 두 식을 연립하여 풀면 $x=4000$, $y=1200$

E 여러 가지 개수에 대한 문제   49쪽

1 28, 4, 2, 8마리   **2** 7골   **3** 11, 3, 4, 6모둠   **4** 10일

- -

2 2점 슛의 개수를 x개, 3점 슛의 개수를 y개라 하면

$x+y=22$, $2x+3y=51$

위의 두 식을 연립하여 풀면 $x=15$, $y=7$

4 사탕을 2개 먹은 날수를 x일, 3개 먹은 날수를 y일이라 하면

$x+y=25$, $2x+3y=65$

위의 두 식을 연립하여 풀면 $x=10$, $y=15$

 거저먹는 시험 문제   50쪽

1 ③   **2** 41   **3** 27
4 어른 : 15명, 청소년 : 7명   **5** ②   **6** 7문제

1 큰 수를 x, 작은 수를 y라 하면

$x+y=47$, $x-2y=2$

위의 두 식을 연립하여 풀면 $x=32$, $y=15$

따라서 큰 수와 작은 수의 차는 $32-15=17$

2 십의 자리의 숫자를 x, 일의 자리의 숫자를 y라 하면

$x+y=5$, $10y+x=10x+y-27$

위의 두 식을 연립하여 풀면 $x=4$, $y=1$

3 십의 자리의 숫자를 x, 일의 자리의 숫자를 y라 하면

$10x+y=3(x+y)$, $10y+x=2(10x+y)+18$

위의 두 식을 연립하여 풀면 $x=2$, $y=7$

4 어른의 수를 x명, 청소년의 수를 y명이라 하면

$x+y=22$, $22000x+15000y=435000$

위의 두 식을 연립하여 풀면 $x=15$, $y=7$

5 커피 음료수 한 개의 가격을 x원, 탄산 음료수 한 개의 가격을 y원이라 하면

$3x+8y=12600$, $2x+9y=11700$

위의 두 식을 연립하여 풀면 $x=1800$, $y=900$

6 객관식 문제를 x개, 주관식 문제를 y개 맞혔다고 하면

$x+y=20$, $4x+5y=87$

위의 두 식을 연립하여 풀면 $x=13$, $y=7$

07 연립방정식의 활용 2

A 나이에 대한 문제   52쪽

1 61, 7, 7, 7, 7, 43세   **2** 10세
3 33, 10, 10, 10, 10, 아버지 : 51세, 아들 : 18세
4 어머니 : 47세, 딸 : 20세

- -

2 현재 아버지의 나이를 x세, 딸의 나이를 y세라 하면

$x+y=50$

5년 후의 두 사람의 나이는 각각 $(x+5)$세, $(y+5)$세이므로

$x+5=3(y+5)$

위의 두 식을 연립하여 풀면 $x=40$, $y=10$

4 현재 어머니의 나이를 x세, 딸의 나이를 y세라 하면

$x-y=27$

8년 후의 두 사람의 나이는 각각 $(x+8)$세, $(y+8)$세이므로

$x+8=2(y+8)-1$

위의 두 식을 연립하여 풀면 $x=47$, $y=20$

B 도형에 대한 문제   53쪽

1 5, 26, 가로의 길이 : 9 cm, 세로의 길이 : 4 cm

2 가로의 길이 : 8 cm, 세로의 길이 : 4 cm

3 3, 6, 33, 7 cm   4 8 cm

- -

2 가로의 길이를 x cm, 세로의 길이를 y cm라 하면

$x=y+4$, $2(x+y)=24$

위의 두 식을 연립하여 풀면 $x=8$, $y=4$

4 아랫변의 길이를 x cm, 윗변의 길이를 y cm라 하면

$x=y+6$, $\dfrac{1}{2}\times10\times(x+y)=110$

위의 두 식을 연립하여 풀면 $x=14$, $y=8$

C 증가, 감소에 대한 문제   54쪽

1 1000, 5, 6, 424명   2 294명

3 300, 20, 25, 125명   4 쌀 : 1440 g, 보리 : 560 g

- -

2 작년의 남학생 수를 x명, 여학생 수를 y명이라 하면

$x+y=600$

작년보다 18명이 줄었으므로 $\dfrac{5}{100}x-\dfrac{10}{100}y=-18$

위의 두 식을 연립하여 풀면 $x=280$, $y=320$

따라서 올해의 남학생 수는 $280+\dfrac{5}{100}\times280=294$(명)

4 처음의 쌀의 무게를 x g, 보리의 무게를 y g이라 하면

$x+y=2000$

처음의 무게보다 40 g이 증가하였으므로

$-\dfrac{5}{100}x+\dfrac{20}{100}y=40$

위의 두 식을 연립하여 풀면 $x=1440$, $y=560$

D 이익, 할인에 대한 문제   55쪽

1 20000, 25, 50, 8000원   2 20000원

3 100, 30, 25, A제품 : 60개, B제품 : 40개

4 A제품 : 200개, B제품 : 100개

- -

2 A제품의 원가를 x원, B제품의 원가를 y원이라 하면

$x+y=50000$

A제품은 원가의 20 %, B제품은 원가의 30 %의 이익을 붙여서 12000원의 이익을 얻었으므로

$\dfrac{20}{100}x+\dfrac{30}{100}y=12000$

위의 두 식을 연립하여 풀면 $x=30000$, $y=20000$

4 A제품의 개수를 x개, B제품의 개수를 y개라 하면

$x+y=300$

A제품은 원가의 20 %, B제품은 원가의 10 %의 이익을 붙여서 80000원의 이익을 얻었으므로

$\dfrac{20}{100}\times1500\times x+\dfrac{10}{100}\times2000\times y=80000$

위의 두 식을 연립하여 풀면 $x=200$, $y=100$

E 일에 대한 문제   56쪽

1 8, 8, 4, 10, 12일   2 10일

3 3, 2, 6, 1, 9시간   4 12시간

- -

2 전체 일의 양을 1로 놓고 주엽이와 승원이가 1일 동안 할 수 있는 일의 양을 각각 x, y라 하면

함께 6일 동안 작업했으므로 $6x+6y=1$

주엽이가 2일 동안 작업하고 승원이가 12일 동안 작업했으므로 $2x+12y=1$

위의 두 식을 연립하여 풀면 $x=\dfrac{1}{10}$, $y=\dfrac{1}{15}$이므로 주엽이가 혼자 하면 10일이 걸린다.

4 물탱크에 물을 가득 채웠을 때의 물의 양을 1로 놓고 A호스, B호스로 1시간 동안 물을 채우는 양을 각각 x, y라 하면

A호스로 3시간 넣고 B호스로 8시간 넣었으므로 $3x+8y=1$

A호스로 6시간 넣고 B호스로 4시간 넣었으므로 $6x+4y=1$

위의 두 식을 연립하여 풀면 $x=\dfrac{1}{9}$, $y=\dfrac{1}{12}$이므로 B호스로만 물탱크를 가득 채우려면 12시간 걸린다.

거저먹는 시험 문제   57쪽

1 어머니 : 58세, 딸 : 23세   2 ⑤   3 30명

4 ②   5 18000원   6 12일

1 현재 어머니의 나이를 x세, 딸의 나이를 y세라 하면

$x-y=35$, $x+5=2(y+5)+7$

위의 두 식을 연립하여 풀면 $x=58$, $y=23$

2 가로의 길이를 x cm, 세로의 길이를 y cm라 하면

$x=3y+2$, $2(x+y)=36$

위의 두 식을 연립하여 풀면 $x=14$, $y=4$

따라서 직사각형의 넓이는 $14 \times 4 = 56(\text{cm}^2)$

3 남학생 수를 x명, 여학생 수를 y명이라 하면

$x+y=50$, $\dfrac{2}{3}x+\dfrac{3}{5}y=32$

위의 두 식을 연립하여 풀면 $x=30$, $y=20$

4 작년의 남학생 수를 x명, 여학생 수를 y명이라 하면

$x+y=800$, $\dfrac{10}{100}x-\dfrac{6}{100}y=8$

위의 두 식을 연립하여 풀면 $x=350$, $y=450$

따라서 올해의 여학생 수는 $450-\dfrac{6}{100} \times 450 = 423$(명)

5 머리띠의 원가를 x원, 머리핀의 원가를 y원이라 하면

$x+y=30000$, $\dfrac{25}{100}x+\dfrac{30}{100}y=8100$

위의 두 식을 연립하여 풀면 $x=18000$, $y=12000$

6 전체 일의 양을 1로 놓고 채은이와 다희가 1일 동안 할 수 있는 일의 양을 각각 x, y라 하면

함께 4일 동안 작업했으므로 $4x+4y=1$

채은이가 3일 동안 작업하고 다희가 6일 동안 작업했으므로 $3x+6y=1$

위의 두 식을 연립하여 풀면 $x=\dfrac{1}{6}$, $y=\dfrac{1}{12}$이므로 다희가 혼자 하면 12일이 걸린다.

 08 연립방정식의 활용 3

A 거리, 속력, 시간에 대한 문제 1

1 6, x, y, x, y, 3 km   2 5 km

3 5, x, y, x, y, 3 km   4 6 km

2 정현이가 자전거로 간 거리를 x km, 걸은 거리를 y km라 하면 $x+y=8$

자전거로 간 시간은 $\dfrac{x}{20}$시간, 걸은 시간은 $\dfrac{y}{4}$시간이므로

$\dfrac{x}{20}+\dfrac{y}{4}=1$

위의 두 식을 연립하여 풀면 $x=5$, $y=3$

4 올라갈 때 걸은 거리를 x km, 내려올 때 걸은 거리를 y km라 하면 $x+y=10$

올라갈 때 걸린 시간은 $\dfrac{x}{3}$시간, 내려올 때 걸린 시간은 $\dfrac{y}{4}$시간이므로 $\dfrac{x}{3}+\dfrac{y}{4}=3$

위의 두 식을 연립하여 풀면 $x=6$, $y=4$

B 거리, 속력, 시간에 대한 문제 2

1 8, x, y, 5 km   2 3 km

3 35, 60, 200, 50분   4 18분

2 지윤이가 걸은 거리를 x km, 기태가 걸은 거리를 y km라 하면 $x+y=9$

지윤이와 기태가 걸은 시간은 같으므로 $\dfrac{x}{2}=\dfrac{y}{4}$

위의 두 식을 연립하여 풀면 $x=3$, $y=6$

4 민영이가 걸린 시간을 x분, 진용이가 걸린 시간을 y분이라 하면 $x=y+48$

민영이가 간 거리와 진용이가 간 거리는 같으므로

$60x=220y$

위의 두 식을 연립하여 풀면 $x=66$, $y=18$

C 거리, 속력, 시간에 대한 문제 3

1 24, 24, 8, 8, 형 : 분속 100 m, 동생 : 분속 50 m

2 희정 : 분속 150 m, 지현 : 분속 50 m

3 10, 10, 60, 240, 14분   4 10분

2 희정이의 속력을 분속 x m, 지현이의 속력을 분속 y m라 하자. 같은 방향으로 돌면 10분 후에 처음으로 만나므로

$10x-10y=1000$

반대 방향으로 돌면 5분 후에 처음으로 만나므로

$5x+5y=1000$

위의 두 식을 연립하여 풀면 $x=150$, $y=50$

4 기현이가 걸린 시간을 x분, 예림이가 걸린 시간을 y분이라 하면

$x=y+5$

반대 방향으로 돌다 만나면

$80x+220y=1900$

위의 두 식을 연립하여 풀면 $x=10$, $y=5$

D 농도에 대한 문제 1

1 400, 10, 5, 80 g   2 300 g

3 600, 12, 600, 200 g   4 125 g

2 15 %의 소금물의 양을 x g, 9 %의 소금물의 양을 y g이라 하면

$x+y=600$

$\dfrac{15}{100} \times x+\dfrac{9}{100} \times y=\dfrac{12}{100} \times 600$

위의 두 식을 연립하여 풀면 $x=300$, $y=300$

4 20 %의 설탕물의 양을 x g, 12 %의 설탕물의 양을 y g이라 하면 $y=x+500$

$$\frac{20}{100} \times x + \frac{10}{100} \times 500 = \frac{12}{100} \times y$$

위의 두 식을 연립하여 풀면 $x=125, y=625$

E 농도에 대한 문제 2 63쪽

1 200, 300, 300, 200, A : 5%, B : 10%
2 A : 9%, B : 18% 3 400, 20, 25g
4 40g

- -

2 소금물 A, B의 농도를 각각 $x\%, y\%$라 하면

$$\frac{x}{100} \times 400 + \frac{y}{100} \times 200 = \frac{12}{100} \times 600$$

$$\frac{x}{100} \times 200 + \frac{y}{100} \times 400 = \frac{15}{100} \times 600$$

위의 두 식을 연립하여 풀면 $x=9, y=18$

4 10%의 설탕물 xg에 설탕 yg을 넣으면

$$x+y=600$$

$$\frac{10}{100} \times x + y = \frac{16}{100} \times 600$$

위의 두 식을 연립하여 풀면 $x=560, y=40$

거져먹는 시험 문제 64쪽

1 ② 2 4km 3 50분
4 혜민 : 분속 75m, 형준 : 분속 25m
5 ③ 6 A : 12%, B : 7%

1 시은이가 달린 거리를 $x$km, 걸은 거리를 $y$km라 하면

$$x+y=8, \frac{x}{6}+\frac{y}{2}=2$$

위의 두 식을 연립하여 풀면 $x=6, y=2$

2 올라갈 때 걸은 거리를 $x$km, 내려올 때 걸은 거리를 $y$km 라 하면 $x+y=6, \frac{x}{2}+\frac{y}{4}=2$

위의 두 식을 연립하여 풀면 $x=2, y=4$

3 형이 걸린 시간을 x분, 동생이 걸린 시간을 y분이라 하면

$$x=y+40, 50x=250y$$

위의 두 식을 연립하여 풀면 $x=50, y=10$

4 혜민이의 속력을 분속 xm, 형준이의 속력을 분속 ym라 하면

$$40x-40y=2000$$

$$20x+20y=2000$$

위의 두 식을 연립하여 풀면 $x=75, y=25$

5 12%의 소금물의 양을 xg, 7%의 소금물의 양을 yg이라 하 면 $x+y=800, \frac{12}{100} \times x + \frac{7}{100} \times y = \frac{10}{100} \times 800$

위의 두 식을 연립하여 풀면 $x=480, y=320$

6 소금물 A, B의 농도를 각각 $x\%, y\%$라 하면

$$\frac{x}{100} \times 400 + \frac{y}{100} \times 600 = \frac{9}{100} \times 1000$$

$$\frac{x}{100} \times 600 + \frac{y}{100} \times 400 = \frac{10}{100} \times 1000$$

위의 두 식을 연립하여 풀면 $x=12, y=7$

09 함수의 뜻과 함숫값

A 함수의 뜻 1 67쪽

1 1000, 1500, ○ 2 12, 8, 6, ○
3 1, 2/ 1, 3, × 4 19, 18, 16, ○
5 없다. 2, × 6 24, 22, 21, ○
7 2, 1, 0, 1, 2, ○ 8 48, 24, 16, 12, ○

- -

1 한 개에 500원하는 과자 x개의 값 y원의 대응을 표로 나타내 면

x	1	2	3	4	…
y	500	1000	1500	2000	…

위의 표와 같이 x의 값에 y의 값이 한 개씩 대응되므로 함수 이다.

3 자연수 x의 약수 y의 대응을 표로 나타내면

x	1	2	3	4	…
y	1	1, 2	1, 3	1, 2, 4	…

위의 표와 같이 x의 값에 y의 값이 여러 개 대응되므로 함수 가 아니다.

5 자연수 x보다 작은 소수 y의 대응을 표로 나타내면

x	1	2	3	4	…
y	없다.	없다.	2	2, 3	…

위의 표와 같이 x의 값에 y의 값이 없거나 여러 개가 대응되 므로 함수가 아니다.

7 정수 x의 절댓값 y의 대응을 표로 나타내면

x	…	-2	-1	0	$+1$	$+2$	…
y	…	2	1	0	1	2	…

위의 표와 같이 x의 값에 y의 값이 한 개씩 대응되므로 함수 이다.

B 함수의 뜻 2 68쪽

1 ○ 2 × 3 ○ 4 ○
5 × 6 ○ 7 ○ 8 ○
9 ○ 10 ○ 11 × 12 ○
13 × 14 ○

- -

1 한 변의 길이가 x cm인 정삼각형의 둘레의 길이 y cm는 x의 값 한 개에 y의 값이 한 개 대응되므로 함수이다.

2 자연수 x보다 작은 짝수 y는 여러 개이므로 함수가 아니다.

3 한 개에 32 g인 물건 x개의 무게 y g은 x의 값 한 개에 y의 값이 한 개 대응되므로 함수이다.

4 자연수 x의 약수 y는 여러 개이지만 약수의 개수 y는 한 개이므로 함수이다.

5 자연수 x와 서로소인 수 y는 여러 개이므로 함수가 아니다.

11 자연수 x의 배수 y는 여러 개이므로 함수가 아니다.

13 나이가 x살인 사람의 몸무게 y kg은 여러 개이므로 함수가 아니다.

C 함숫값 구하기 1
69쪽

1 (1) **Help** -1 / -3 (2) 0 (3) $-\dfrac{3}{2}$ (4) 4

2 (1) 3 (2) -1 (3) -7 (4) $-\dfrac{4}{3}$

3 (1) -8 (2) 8 (3) 4 (4) 1

4 (1) 2 (2) 3 (3) -1 (4) 0

- -

1 $f(x)=3x$이므로

(1) $f(-1)=3\times(-1)=-3$

(2) $f(0)=3\times0=0$

(3) $f\left(-\dfrac{1}{2}\right)=3\times\left(-\dfrac{1}{2}\right)=-\dfrac{3}{2}$

(4) $f\left(\dfrac{4}{3}\right)=3\times\dfrac{4}{3}=4$

2 $f(x)=-2x-1$이므로

(1) $f(-2)=-2\times(-2)-1=4-1=3$

(2) $f(0)=-2\times0-1=-1$

(3) $f(3)=-2\times3-1=-7$

(4) $f\left(\dfrac{1}{6}\right)=-2\times\left(\dfrac{1}{6}\right)-1=-\dfrac{4}{3}$

3 $f(x)=\dfrac{8}{x}$

(1) $f(-1)=\dfrac{8}{-1}=-8$

(2) $f(1)=\dfrac{8}{1}=8$

(3) $f(2)=\dfrac{8}{2}=4$

(4) $f(8)=\dfrac{8}{8}=1$

4 $f(x)=-\dfrac{4}{x}+1$이므로

(1) $f(-4)=-\dfrac{4}{-4}+1=1+1=2$

(2) $f(-2)=-\dfrac{4}{-2}+1=2+1=3$

(3) $f(2)=-\dfrac{4}{2}+1=-1$

(4) $f(4)=-\dfrac{4}{4}+1=0$

D 함숫값 구하기 2
70쪽

1 **Help** -1, 1 / 0　　2 4　　3 18

4 29　　5 7　　6 **Help** -1, 2 / -1

7 -3　　8 0　　9 -3　　10 -11

- -

1 $f(-1)=5\times(-1)=-5$, $f(1)=5\times1=5$

$\therefore f(-1)+f(1)=0$

2 $f(-2)=-2\times(-2)=4$, $f(0)=-2\times0=0$

$\therefore f(-2)+f(0)=4$

4 $f(-3)=-3\times(-3)+2=11$, $f(3)=-3\times3+2=-7$

$\therefore 2f(-3)-f(3)=29$

5 $f(-1)=-\dfrac{1}{4}\times(-1)+\dfrac{3}{2}=\dfrac{7}{4}$

$f(6)=-\dfrac{1}{4}\times6+\dfrac{3}{2}=0$

$\therefore 4f(-1)-f(6)=7$

6 $f(-1)=\dfrac{2}{-1}=-2$, $f(2)=\dfrac{2}{2}=1$

$\therefore f(-1)+f(2)=-1$

9 $f(-4)=\dfrac{8}{-4}=-2$, $f(8)=\dfrac{8}{8}=1$

$\therefore 2f(-4)+f(8)=2\times(-2)+1=-3$

거저먹는 시험 문제
71쪽

1 ②　　2 ④　　3 2개　　4 ⑤

5 4개　　6 ④

- -

1 ② x가 5이면 y는 1, 2, 3, 4가 되어 자연수 x보다 작은 자연수 y는 x의 값에 y의 값이 여러 개 대응되므로 함수가 아니다.

2 ④ x가 6이면 y는 6의 약수인 1, 2, 3, 6이 되어 자연수 x의 약수 y는 x의 값에 y의 값이 여러 개 대응되므로 함수가 아니다.

3 ㄱ. x가 2라면 y는 2와 서로소인 3, 5, 7, 9, 11, …로 무수히 많으므로 자연수 x와 서로소인 수 y는 x의 값에 y의 값이 여러 개 대응되므로 함수가 아니다.

ㄴ. 길이가 30 cm인 양초를 x cm 사용하고 남은 양초의 길이가 y cm라면 $y=30-x$
따라서 함수이다.

ㄷ. 12개의 사탕을 x명에게 똑같이 나누어 줄 때, 한 사람이 가지는 사탕의 개수가 y개이면 $y=\dfrac{12}{x}$
따라서 함수이다.

ㄹ. 절댓값이 1인 수는 $+1$, -1의 2개이므로 절댓값이 x인 수 y는 x의 값에 y의 값이 여러 개 대응되므로 함수가 아니다.

ㅁ. 6의 소인수는 2, 3의 2개이므로 자연수 x의 소인수 y는 x의 값에 y의 값이 여러 개 대응되므로 함수가 아니다.

4 ⑤ $f(5)=-2\times5+6=-4$

5 ㄱ. $f(x)=3x$에서 $f(2)=6$

　ㄴ. $f(x)=-x+7$에서 $f(2)=5$

　ㄷ. $f(x)=\dfrac{10}{x}$에서 $f(2)=5$

　ㄹ. $f(x)=4x-3$에서 $f(2)=5$

　ㅁ. $f(x)=\dfrac{5}{4}x+\dfrac{5}{2}$에서 $f(2)=5$

　ㅂ. $f(x)=-\dfrac{2}{x}$에서 $f(2)=-1$

　따라서 $f(2)=5$인 것의 개수는 4개이다.

6 9의 약수는 1, 3, 9이므로 9의 약수의 개수는 3이다.
　∴ $f(9)=3$
　12의 약수는 1, 2, 3, 4, 6, 12이므로 12의 약수의 개수는 6이다.
　∴ $f(12)=6$
　∴ $f(9)+f(12)=3+6=9$

10 일차함수의 뜻

A 일차함수 찾기　　　　　　73쪽

1 ×	2 ○	3 ○	4 ○
5 ×	6 ×	7 ○	8 ○
9 ×	10 ×		

1 $y=2$는 $y=(x$의 일차식$)$의 꼴이 아니므로 일차함수가 아니다.

3 $x^2-y=3x+x^2+1$에서 좌변의 x^2을 우변으로 이항하고 정리하면 $y=-3x-1$이므로 일차함수이다.

5 $y=3x-3(x-5)$에서 정리하면 $y=15$가 되므로 $y=(x$의 일차식$)$의 꼴이 아니므로 일차함수가 아니다.

6 $y=-\dfrac{8}{x}$은 분모에 x가 있으므로 일차함수가 아니다.

7 $\dfrac{x}{4}-\dfrac{y}{5}=1$에서 양변에 5를 곱하여 정리하면 $y=\dfrac{5}{4}x-5$이므로 일차함수이다.

9 $y^2+x=y^2+6$에서 좌변의 y^2을 우변으로 이항하고 정리하면 $x=6$이므로 일차함수가 아니다.

10 $xy=10$이면 $x\neq0$이므로 $y=\dfrac{10}{x}$인데 분모에 x가 있으므로 일차함수가 아니다.

B y를 x의 식으로 나타내고, 일차함수 찾기　74쪽

1 $y=5000-800x$, ○	2 $y=3x$, ○
3 $y=80x$, ○	4 $y=\dfrac{1000}{x}$, ×
5 $y=\dfrac{40}{x}$, ×	6 $y=24-x$, ○
7 $y=\dfrac{12}{x}$, ×	8 $y=x^2$, ×

C 일차함수가 될 조건　　　　　75쪽

1 $a\neq0$	2 $a\neq1$	3 $a\neq-2$	4 $a=3$
5 $a\neq5$	6 $a=0, b\neq0$	7 $a=-6, b\neq0$	
8 $a=0, b\neq-8$		9 $a=0, b\neq-15$	
10 $a\neq2, b=0$			

2 $y+x=ax-3$의 좌변의 x를 우변으로 이항하면 $y=(a-1)x-3$이 되므로 $a\neq1$

3 $y-2x=ax+4$의 좌변의 $-2x$를 우변으로 이항하면 $y=(a+2)x+4$가 되므로 $a\neq-2$

4 $y+3x^2=ax^2+x-1$의 좌변의 $3x^2$을 우변으로 이항하면 $y=(a-3)x^2+x-1$이 된다.
　x^2의 계수가 0이어야 일차함수가 되므로 $a=3$

5 $y=ax+5(4-x)$를 정리하면 $y=(a-5)x+20$이 되므로 $a\neq5$

6 $y=ax^2+bx-1$에서 x^2항은 없어지고 x항은 없어지면 안 되므로 $a=0, b\neq0$

7 $y-6x^2=ax^2-bx$에서 $y=(a+6)x^2-bx$
　x^2항은 없어지고 x항은 없어지면 안 되므로 $a=-6, b\neq0$

8 $y-8x=ax^2+bx-1$에서 $y=ax^2+(b+8)x-1$
　x^2항은 없어지고 x항은 없어지면 안 되므로 $a=0, b\neq-8$

9 $y=5x(ax+3)+bx+9$에서 $y=5ax^2+(15+b)x+9$
　x^2항은 없어지고 x항은 없어지면 안 되므로 $a=0, b\neq-15$

10 $y=ax+7-x(bx+2)$에서 $y=-bx^2+(a-2)x+7$
　x^2항은 없어지고 x항은 없어지면 안 되므로 $a\neq2, b=0$

D 일차함수의 함숫값 1　　　　76쪽

1 10	2 -4	3 -5	4 -2
5 -11	6 3	7 -9	8 -8
9 -4	10 18		

1 $f(x)=3x+1$에서 $f(3)=3\times3+1=10$

2 $f(x)=-6x+8$에서 $f(2)=-6\times2+8=-4$

3 $f(x)=-\dfrac{2}{5}x+1$에서 $f(15)=-\dfrac{2}{5}\times15+1=-5$

4 $f(x)=\dfrac{2}{3}x+5$에서 $f(-6)=\dfrac{2}{3}\times(-6)+5=1$

   $\therefore -2f(-6)=-2$

5 $f(x)=-2x+\dfrac{3}{7}$에서 $f(1)=-2\times1+\dfrac{3}{7}=-\dfrac{11}{7}$

   $\therefore 7f(1)=7\times\left(-\dfrac{11}{7}\right)=-11$

6 $f(x)=-4x+3$에서 $f(3)=-4\times3+3=-9$

   $f(-1)=-4\times(-1)+3=7$

   $\therefore 2f(3)+3f(-1)=-18+21=3$

7 $f(x)=5x-2$에서

   $f(1)=5\times1-2=3, f(2)=5\times2-2=8$

   $\therefore 5f(1)-3f(2)=5\times3-3\times8=-9$

8 $f(x)=\dfrac{3}{2}x+1$에서 $f(2)=\dfrac{3}{2}\times2+1=4$

   $f(6)=\dfrac{3}{2}\times6+1=10$

   $\therefore 3f(2)-2f(6)=12-20=-8$

9 $f(x)=\dfrac{8}{5}x-4$에서 $f(10)=\dfrac{8}{5}\times10-4=12$

   $f(5)=\dfrac{8}{5}\times5-4=4$

   $\therefore -2f(10)+5f(5)=-24+20=-4$

10 $f(x)=-4x+\dfrac{2}{9}$에서 $f\left(\dfrac{1}{2}\right)=-4\times\dfrac{1}{2}+\dfrac{2}{9}=-\dfrac{16}{9}$

   $f(1)=-4\times1+\dfrac{2}{9}=-\dfrac{34}{9}$

   $\therefore 9f\left(\dfrac{1}{2}\right)-9f(1)=-16+34=18$

E 일차함수의 함숫값 2　　　　　　77쪽

1 7	2 9	3 −2	4 3
5 8		6 $a=-5, b=2$	
7 $a=-3, b=1$		8 $a=-2, b=-8$	
9 $a=3, b=-5$		10 $a=\dfrac{1}{2}, b=-\dfrac{1}{3}$	

1 $f(x)=-x+a$에서 $f(2)=5$이므로 $-2+a=5$

   $\therefore a=7$

2 $f(x)=-\dfrac{2}{3}x+a$에서 $f(6)=5$이므로

   $-4+a=5$　　$\therefore a=9$

3 $f(x)=ax+5$에서 $f(4)=-3$이므로 $4a+5=-3$

   $\therefore a=-2$

4 $f(x)=6x-1$에서 $f(a)=17$이므로 $6a-1=17$

   $\therefore a=3$

5 $f(x)=-\dfrac{5}{4}x+2$에서 $f(a)=-8$이므로 $-\dfrac{5}{4}a+2=-8$

   $\therefore a=8$

6 $f(x)=ax-8$에서 $f(-3)=7$이므로

   $-3a-8=7$　　$\therefore a=-5$

   $g(x)=-3x+b$에서 $g(2)=-4$이므로

   $-3\times2+b=-4$　　$\therefore b=2$

7 $f(x)=ax+10$에서 $f(4)=-2$이므로

   $4a+10=-2$　　$\therefore a=-3$

   $g(x)=5x+b$에서 $g(2)=11$이므로

   $5\times2+b=11$　　$\therefore b=1$

8 $f(x)=3x+b$에서 $f(5)=7$이므로

   $3\times5+b=7$　　$\therefore b=-8$

   $g(x)=ax-4$에서 $g(-5)=6$이므로

   $-5\times a-4=6$　　$\therefore a=-2$

9 $f(x)=6x-9$에서 $f(a)=9$이므로

   $6a-9=9$　　$\therefore a=3$

   $g(x)=x+6$에서 $g(b)=1$이므로

   $b+6=1$　　$\therefore b=-5$

10 $f(x)=\dfrac{1}{2}x+\dfrac{3}{4}$에서 $f(a)=1$이므로

   $\dfrac{1}{2}a+\dfrac{3}{4}=1$　　$\therefore a=\dfrac{1}{2}$

   $g(b)=\dfrac{6}{5}x+1$에서 $g(b)=\dfrac{3}{5}$이므로

   $\dfrac{6}{5}b+1=\dfrac{3}{5}$　　$\therefore b=-\dfrac{1}{3}$

거져먹는 시험 문제　　　　　　78쪽

1 ②, ⑤	2 ②	3 −8	4 ①
5 ①	6 ⑤		

1 ① $y=-\dfrac{8}{x}$　　② $y=\dfrac{2}{3}x-\dfrac{1}{3}$

   ③ $y=x^2-3x$　　⑤ $y=-12x$

   따라서 일차함수는 ②, ⑤이다.

2 일차함수는 ㄷ, ㅁ으로 2개이다.

4 $f(x)=-\dfrac{3}{8}x+1$에서 $f\left(\dfrac{a}{3}\right)=2$이므로

   $-\dfrac{3}{8}\times\dfrac{a}{3}+1=2$　　$\therefore a=-8$

5 $f(x)=\dfrac{4}{5}x+a$에서 $f(10)=3$이므로

   $\dfrac{4}{5}\times10+a=3$　　$\therefore a=-5$

   $f(x)=\dfrac{4}{5}x-5$에서 $f(b)=-9$이므로

   $\dfrac{4}{5}b-5=-9$　　$\therefore b=-5$

   $\therefore a-b=0$

6 $f(x)=ax-2$에서 $f(3)=-8$이므로

$3a-2=-8$ $\therefore a=-2$

$f(x)=-2x-2$이므로 $f(1)=-4$

$g(x)=6x+b$에서 $g(-2)=-10$이므로

$6\times(-2)+b=-10$ $\therefore b=2$

$g(x)=6x+2$이므로 $g(2)=14$

$\therefore f(1)+g(2)=-4+14=10$

11 일차함수의 그래프 위의 점

A 일차함수의 그래프 위의 점   80쪽

1 ×   2 ×   3 ○   4 ○
5 ×   6 ○   7 ×   8 ×
9 ○   10 ○

- -

1 $y=\frac{1}{2}x-5$에 $x=-2$를 대입하면 $y=-6$이므로

  점 $(-2, -7)$은 이 그래프 위의 점이 아니다.

2 $y=\frac{1}{2}x-5$에 $x=4$를 대입하면 $y=-3$이므로

  점 $(4, -4)$는 이 그래프 위의 점이 아니다.

3 $y=\frac{1}{2}x-5$에 $x=5$를 대입하면 $y=-\frac{5}{2}$이므로

  점 $\left(5, -\frac{5}{2}\right)$는 이 그래프 위의 점이다.

4 $y=\frac{1}{2}x-5$에 $x=\frac{14}{3}$를 대입하면 $y=-\frac{8}{3}$이므로

  점 $\left(\frac{14}{3}, -\frac{8}{3}\right)$은 이 그래프 위의 점이다.

5 $y=\frac{1}{2}x-5$에 $x=7$을 대입하면 $y=-\frac{3}{2}$이므로

  점 $\left(7, \frac{3}{2}\right)$은 이 그래프 위의 점이 아니다.

6 $y=-\frac{2}{3}x+4$에 $x=3$을 대입하면 $y=2$이므로 점 $(3, 2)$는

  이 그래프 위의 점이다.

7 $y=-\frac{2}{3}x+4$에 $x=1$을 대입하면 $y=\frac{10}{3}$이므로

  점 $\left(1, \frac{4}{3}\right)$는 이 그래프 위의 점이 아니다.

8 $y=-\frac{2}{3}x+4$에 $x=\frac{1}{2}$을 대입하면 $y=\frac{11}{3}$이므로

  점 $\left(\frac{1}{2}, \frac{10}{3}\right)$은 이 그래프 위의 점이 아니다.

9 $y=-\frac{2}{3}x+4$에 $x=\frac{9}{2}$를 대입하면 $y=1$이므로

  점 $\left(\frac{9}{2}, 1\right)$은 이 그래프 위의 점이다.

10 $y=-\frac{2}{3}x+4$에 $x=12$를 대입하면 $y=-4$이므로

  점 $(12, -4)$는 이 그래프 위의 점이다.

B 일차함수의 그래프 위의 점의 미지수 구하기 1   81쪽

1 8   2 5   3 −1   4 $-\frac{5}{4}$
5 −3   6 1   7 $\frac{1}{4}$ 8 3
9 $-\frac{1}{2}$ 10 1

- -

1 $y=\frac{1}{4}x-3$에 점 $(k, -1)$을 대입하면

  $-1=\frac{1}{4}k-3, 2=\frac{1}{4}k$ $\therefore k=8$

5 $y=\frac{1}{4}x-3$에 점 $\left(6, \frac{1}{2}k\right)$를 대입하면

  $\frac{1}{2}k=\frac{1}{4}\times6-3, \frac{1}{2}k=-\frac{3}{2}$ $\therefore k=-3$

6 $y=-5x+2$에 점 $(k, -3k)$를 대입하면

  $-3k=-5k+2$ $\therefore k=1$

9 $y=-5x+2$에 점 $\left(\frac{1}{5}k, k+3\right)$을 대입하면

  $k+3=-5\times\frac{1}{5}k+2, 2k=-1$ $\therefore k=-\frac{1}{2}$

C 일차함수의 그래프 위의 점의 미지수 구하기 2   82쪽

1 $p=-5, q=3$ 2 $p=-1, q=1$
3 $p=9, q=3$ 4 $p=-1, q=2$
5 $p=2, q=7$ 6 $p=2, q=2$
7 $p=15, q=12$ 8 $p=\frac{1}{2}, q=1$
9 $p=-7, q=-4$ 10 $p=-15, q=24$

- -

1 $y=4x-9$에

  점 $(1, p)$를 대입하면 $p=4-9=-5$

  점 $(q, 3)$을 대입하면 $3=4q-9$ $\therefore q=3$

4 $y=4x-9$에

  점 $(-p+1, p)$를 대입하면 $p=4(-p+1)-9$

  $5p=-5$ $\therefore p=-1$

  점 $(q, q-3)$을 대입하면 $q-3=4q-9$

  $-3q=-6$ $\therefore q=2$

6 $y=-2x+6$에

  점 (p, q)를 대입하면 $q=-2p+6$ ······ ㉠

  점 $(2p, -q)$를 대입하면 $-q=-4p+6$ ······ ㉡

  ㉠, ㉡을 연립하여 풀면 $p=2, q=2$

8 $y=-2x+6$에

  점 $(4p, 2q)$를 대입하면 $2q=-8p+6$ ······ ㉠

  점 $(-p, 7q)$를 대입하면 $7q=2p+6$ ······ ㉡

  ㉠, ㉡을 연립하여 풀면 $p=\frac{1}{2}, q=1$

1 3	2 1	3 $\dfrac{1}{3}$	4 1
5 -1	6 0	7 -16	8 40
9 $\dfrac{3}{2}$	10 -15		

1 $y=-ax+3$에 점 $(2, 9)$를 대입하면 $9=-2a+3$
  ∴ $a=-3$
  따라서 $y=3x+3$에 점 $(p, 4p)$를 대입하면
  $4p=3p+3$ ∴ $p=3$

4 $y=-ax+3$에 점 $(-4, 11)$을 대입하면 $11=4a+3$
  ∴ $a=2$
  따라서 $y=-2x+3$에 점 $(p+1, -p)$를 대입하면
  $-p=-2(p+1)+3$ ∴ $p=1$

6 $y=-5x+1$에 점 $(1, p)$를 대입하면 $p=-4$
  따라서 점 $(1, -4)$를 $y=ax-8$에 대입하면
  $-4=a-8$ ∴ $a=4$
  ∴ $a+p=4-4=0$

7 $y=-5x+1$에 점 $(3, p)$를 대입하면 $p=-14$
  따라서 점 $(3, -14)$를 $y=ax-8$에 대입하면
  $-14=3a-8$ ∴ $a=-2$
  ∴ $a+p=-2-14=-16$

9 $y=-5x+1$에 점 $(p, -9)$를 대입하면
  $-9=-5p+1$ ∴ $p=2$
  따라서 점 $(2, -9)$를 $y=ax-8$에 대입하면
  $-9=2a-8$ ∴ $a=-\dfrac{1}{2}$
  ∴ $a+p=-\dfrac{1}{2}+2=\dfrac{3}{2}$

10 $y=-5x+1$에 점 $(p, 6)$을 대입하면
  $6=-5p+1$ ∴ $p=-1$
  따라서 점 $(-1, 6)$을 $y=ax-8$에 대입하면
  $6=-a-8$ ∴ $a=-14$
  ∴ $a+p=-14-1=-15$

거저먹는 시험 문제   84쪽

1 ④	2 ①	3 ③
4 $p=\dfrac{4}{5}, q=-2$	5 ④	6 ②

1 ④ $y=-4x+9$에 $x=3$을 대입하면 $y=-3$이므로
  점 $(3, 0)$은 $y=-4x+9$의 그래프 위의 점이 아니다.

3 $y=-\dfrac{3}{2}x+1$에 $(2, p)$, $(q, -5)$를 대입하면
  $p=-\dfrac{3}{2}\times2+1$ ∴ $p=-2$

  $-5=-\dfrac{3}{2}q+1$ ∴ $q=4$
  ∴ $2p+q=0$

4 $y=-5x+2$에 두 점 (p, q), $(2p, 3q)$를 대입하면
  $q=-5p+2$, $3q=-10p+2$
  이 두 식을 연립하여 풀면 $p=\dfrac{4}{5}, q=-2$

5 $y=-ax+6$에 점 $(3, -3)$을 대입하면 $-3=-3a+6$
  ∴ $a=3$
  $y=-3x+6$에 점 $(-p, 4p)$를 대입하면
  $4p=3p+6$
  ∴ $p=6$

6 $y=3x-5$에 점 $(2, p)$를 대입하면 $p=6-5=1$
  따라서 점 $(2, 1)$을 $y=ax+7$에 대입하면
  $1=2a+7$ ∴ $a=-3$
  ∴ $a+p=-3+1=-2$

12 일차함수의 그래프의 평행이동

A 일차함수 $y=ax+b(a\neq0)$의 그래프   86쪽

1 풀이 참조   2 풀이 참조   3 풀이 참조   4 풀이 참조
5 Help $2 / y=x+2$ 6 $y=4x-1$ 7 $y=-5x+10$
8 $y=\dfrac{3}{4}x-2$ 9 $y=-\dfrac{1}{8}x+\dfrac{1}{3}$

1~2

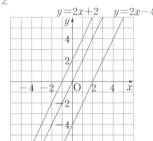

$y=2x+2$ $y=2x-4$

3~4

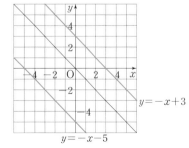

$y=-x+3$

$y=-x-5$

5 $y=x$에 평행이동한 2만큼 더해주면 되므로
  $y=x+2$

B 일차함수의 그래프의 평행이동 1　　87쪽

1 ○	2 ×	3 ×	4 ○
5 ○	6 ×	7 ×	8 ○
9 ×	10 ○		

C 일차함수의 그래프의 평행이동 2　　88쪽

1 1	2 -2	3 -3	4 $-\dfrac{3}{2}$
5 $\dfrac{1}{3}$	6 7	7 1	8 8
9 $\dfrac{5}{4}$	10 $-\dfrac{5}{2}$		

---

1 $y=-9x+2$의 그래프를 y축의 방향으로 p만큼 평행이동한 그래프의 식은 $y=-9x+2+p$이고 $y=-9x+3$과 같아지므로 $2+p=3$　　∴ $p=1$

2 $y=-9x+2$의 그래프를 y축의 방향으로 p만큼 평행이동한 그래프의 식은 $y=-9x+2+p$이고 $y=-9x$와 같아지므로 $2+p=0$　　∴ $p=-2$

4 $y=-9x+2$의 그래프를 y축의 방향으로 p만큼 평행이동한 그래프의 식은 $y=-9x+2+p$이고 $y=-9x+\dfrac{1}{2}$과 같아지므로
$2+p=\dfrac{1}{2}$　　∴ $p=-\dfrac{3}{2}$

6 $y=7x+p$의 그래프를 y축의 방향으로 -2만큼 평행이동한 그래프의 식은 $y=7x+p-2$이고 $y=7x+5$와 같아지므로
$p-2=5$　　∴ $p=7$

7 $y=7x+p$의 그래프를 y축의 방향으로 -2만큼 평행이동한 그래프의 식은 $y=7x+p-2$이고 $y=7x-1$과 같아지므로
$p-2=-1$　　∴ $p=1$

9 $y=7x+p$의 그래프를 y축의 방향으로 -2만큼 평행이동한 그래프의 식은 $y=7x+p-2$이고 $y=7x-\dfrac{3}{4}$과 같아지므로
$p-2=-\dfrac{3}{4}$　　∴ $p=\dfrac{5}{4}$

D 평행이동한 그래프 위의 점 1　　89쪽

1 -1	2 2	3 -2	4 5
5 1	6 -3	7 -2	8 -4
9 0	10 $\dfrac{1}{2}$		

---

1 $y=4x-2$의 그래프를 y축의 방향으로 p만큼 평행이동한 그래프의 식은 $y=4x-2+p$이므로 점 $(1,\ 1)$을 대입하면
$1=4-2+p$　　∴ $p=-1$

2 $y=4x-2$의 그래프를 y축의 방향으로 p만큼 평행이동한 그래프의 식은 $y=4x-2+p$이므로 점 $(-1,\ -4)$를 대입하

면 $-4=4\times(-1)-2+p$　　∴ $p=2$

4 $y=4x-2$의 그래프를 y축의 방향으로 p만큼 평행이동한 그래프의 식은 $y=4x-2+p$이므로 점 $\left(\dfrac{1}{2},\ 5\right)$를 대입하면
$5=4\times\dfrac{1}{2}-2+p$　　∴ $p=5$

6 $y=5x+k$의 그래프를 y축의 방향으로 -4만큼 평행이동한 그래프의 식은 $y=5x+k-4$이므로 점 $(1,\ -2)$를 대입하면
$-2=5+k-4$　　∴ $k=-3$

7 $y=5x+k$의 그래프를 y축의 방향으로 -4만큼 평행이동한 그래프의 식은 $y=5x+k-4$이므로 점 $(2,\ 4)$를 대입하면
$4=5\times2+k-4$　　∴ $k=-2$

9 $y=5x+k$의 그래프를 y축의 방향으로 -4만큼 평행이동한 그래프의 식은 $y=5x+k-4$이므로 점 $\left(\dfrac{2}{5},\ -2\right)$를 대입하면 $-2=2+k-4$　　∴ $k=0$

E 평행이동한 그래프 위의 점 2　　90쪽

1 $p=1, q=-1$	2 $p=7, q=-3$
3 $p=-6, q=1$	4 $p=8, q=9$
5 $p=9, q=-2$	6 $a=-3, q=1$
7 $a=5, q=10$	8 $a=-4, q=11$
9 $a=1, q=0$	10 $a=-3, q=-1$

---

1 $y=5x$의 그래프를 y축의 방향으로 p만큼 평행이동한 그래프의 식은 $y=5x+p$이므로 점 $(1,\ 6)$을 대입하면 $p=1$
$y=5x+1$에 점 $(q,\ -4)$를 대입하면 $-4=5q+1$
∴ $q=-1$

2 $y=5x$의 그래프를 y축의 방향으로 p만큼 평행이동한 그래프의 식은 $y=5x+p$이므로 점 $(-1,\ 2)$를 대입하면 $p=7$
$y=5x+7$에 점 $(q,\ -8)$을 대입하면 $-8=5q+7$
∴ $q=-3$

4 $y=5x$의 그래프를 y축의 방향으로 p만큼 평행이동한 그래프의 식은 $y=5x+p$이므로 $(-4,\ -12)$를 대입하면 $p=8$
$y=5x+8$에 $(2,\ 2q)$를 대입하면 $2q=10+8$
∴ $q=9$

6 $y=ax-3$의 그래프를 y축의 방향으로 -2만큼 평행이동한 그래프의 식은 $y=ax-5$이므로 점 $(1,\ -8)$을 대입하면
$a=-3$
$y=-3x-5$에 점 $(-2,\ q)$를 대입하면 $q=6-5=1$

7 $y=ax-3$의 그래프를 y축의 방향으로 -2만큼 평행이동한 그래프의 식은 $y=ax-5$이므로 점 $(2,\ 5)$를 대입하면 $a=5$
$y=5x-5$에 점 $(3,\ q)$를 대입하면 $q=5\times3-5=10$

9 $y=ax-3$의 그래프를 y축의 방향으로 -2만큼 평행이동한 그래프의 식은 $y=ax-5$이므로 $(4,\ -1)$을 대입하면 $a=1$
$y=x-5$에 $(-2q,\ -5)$를 대입하면 $-2q-5=-5$
∴ $q=0$

1 ③　　　2 ⑤　　　3 -4　　　4 ②
5 -5

1 x의 계수가 $\frac{1}{3}$인 것을 찾는다.

③ $y = \frac{1}{3}x + \frac{2}{3}$

2 일차함수 $y = 2x$의 그래프를 y축의 방향으로 -3만큼 평행이동한 그래프이다.

3 일차함수 $y = 4x + p$의 그래프를 y축의 방향으로 -5만큼 평행이동한 그래프의 식은 $y = 4x + p - 5$이고 $y = 4x - 9$와 같아지므로

$p - 5 = -9$　　∴ $p = -4$

4 일차함수 $y = -\frac{3}{8}x + 1$의 그래프를 y축의 방향으로 p만큼

평행이동한 그래프의 식은 $y = -\frac{3}{8}x + 1 + p$이므로

점 $(-1, 2)$를 대입하면

$2 = \frac{3}{8} + 1 + p$　　∴ $p = \frac{5}{8}$

5 $y = ax + 6 - 4 = ax + 2$에 점 $(2, 4)$를 대입하면

$4 = 2a + 2$　　∴ $a = 1$

$y = x + 2$에 점 $(1, q)$를 대입하면

$q = 1 + 2$　　∴ $q = 3$

따라서 $a - 2q = 1 - 2 \times 3 = -5$이다.

13 일차함수의 그래프의 x절편, y절편

A 일차함수의 그래프에서 x절편, y절편 구하기　　93쪽

1 $-3, 3$　　　2 $-1, -3$　　　3 $1, -2$　　　4 $-2, -1$
5 $-1, 4$　　　6 $3, 1$

B 일차함수의 그래프의 x절편　　94쪽

1 1　　　2 2　　　3 $\frac{1}{3}$　　　4 4

5 $-\frac{5}{2}$　　6 10　　7 3　　8 -2

9 -8　　10 $\frac{5}{3}$

1 $y = x - 1$에 $y = 0$을 대입하면 x절편은 1이다.

3 $y = -3x + 1$에 $y = 0$을 대입하면 x절편은 $\frac{1}{3}$이다.

5 $y = 4x + 10$에 $y = 0$을 대입하면 x절편은 $-\frac{5}{2}$이다.

C 일차함수의 그래프의 y절편　　95쪽

1 2　　　2 -3　　　3 -7　　　4 1
5 -12　　6 9　　　7 8　　　8 -6

9 $\frac{3}{2}$　　10 $-\frac{1}{3}$

D x절편과 y절편을 이용하여 미지수 구하기 1　　96쪽

1 5　　　2 -10　　3 15　　　4 2
5 $-\frac{1}{2}$　　6 $a = -\frac{1}{2}, b = 1$　　7 $a = 1, b = 3$

8 $a = -4, b = -4$　　　　9 $a = 3, b = 6$

10 $a = \frac{5}{2}, b = -10$

1 x절편이 1이므로 점 $(1, 0)$을 $y = -5x + b$에 대입하면 $b = 5$
따라서 $y = -5x + 5$의 y절편은 5이다.

3 x절편이 3이므로 점 $(3, 0)$을 $y = -5x + b$에 대입하면 $b = 15$
따라서 $y = -5x + 15$의 y절편은 15이다.

5 x절편이 $-\frac{1}{10}$이므로 $\left(-\frac{1}{10}, 0\right)$을 $y = -5x + b$에 대입하

면 $b = -\frac{1}{2}$

따라서 $y = -5x - \frac{1}{2}$의 y절편은 $-\frac{1}{2}$이다.

6 x절편이 2이므로 점 $(2, 0)$을 $y = ax + b$에 대입하면

$0 = 2a + b$

y절편이 1이므로 $b = 1$　　∴ $a = -\frac{1}{2}$

8 x절편이 -1이므로 점 $(-1, 0)$을 $y = ax + b$에 대입하면

$0 = -a + b$

y절편이 -4이므로 $b = -4$　　∴ $a = -4$

10 x절편이 4이므로 $(4, 0)$을 $y = ax + b$에 대입하면

$4a + b = 0$

y절편이 -10이므로 $b = -10$　　∴ $a = \frac{5}{2}$

E x절편과 y절편을 이용하여 미지수 구하기 2　　97쪽

1 2　　　2 6　　　3 -16　　　4 -8
5 $\frac{3}{2}$　　　6 $a = 2, b = 4$　　7 $a = -2, b = 8$

8 $a = 2, b = 10$　　　　9 $a = -\frac{1}{8}, b = 1$

10 $a = -1, b = -7$

1 $y = x - 2$의 그래프에 $y = 0$을 대입하면 x절편은 2이므로
$y = -x + b$에 점 $(2, 0)$을 대입하면 $b = 2$

2 $y = -2x - 4$에 $y = 0$을 대입하면 x절편은 -2이므로
$y = 3x + b$에 점 $(-2, 0)$을 대입하면 $b = 6$

3 $y = 3x + 12$의 그래프에 $y = 0$을 대입하면 x절편은 -4이므로

$y=-4x+b$에 점 $(-4,\ 0)$을 대입하면 $b=-16$

4 $y=\dfrac{5}{2}x-10$에 $y=0$을 대입하면 x절편은 4이므로

$y=2x+b$에 점 $(4,\ 0)$을 대입하면 $b=-8$

5 $y=\dfrac{10}{3}x+5$의 그래프에 $y=0$을 대입하면 x절편은

$-\dfrac{3}{2}$이므로 $y=x+b$에 점 $\left(-\dfrac{3}{2},\ 0\right)$을 대입하면 $b=\dfrac{3}{2}$

6 $y=ax+3$의 그래프를 y축의 방향으로 1만큼 평행이동한 그 래프의 식은 $y=ax+4$

x절편이 -2이므로 $y=ax+4$에 점 $(-2,\ 0)$을 대입하면 $a=2$

$y=2x+4$의 그래프의 y절편이 4이므로 $b=4$

7 $y=ax+3$의 그래프를 y축의 방향으로 5만큼 평행이동한 그 래프의 식은 $y=ax+8$

x절편이 4이므로 $y=ax+8$에 점 $(4,\ 0)$을 대입하면 $a=-2$

$y=-2x+8$의 그래프의 y절편이 8이므로 $b=8$

8 $y=ax+3$의 그래프를 y축의 방향으로 7만큼 평행이동한 그 래프의 식은 $y=ax+10$

x절편이 -5이므로 $y=ax+10$에 점 $(-5,\ 0)$을 대입하면 $a=2$

$y=2x+10$의 그래프의 y절편이 10이므로 $b=10$

9 $y=ax+3$의 그래프를 y축의 방향으로 -2만큼 평행이동한 그래프의 식은 $y=ax+1$

x절편이 8이므로 $y=ax+1$에 점 $(8,\ 0)$을 대입하면

$a=-\dfrac{1}{8}$

$y=-\dfrac{1}{8}x+1$의 그래프의 y절편이 1이므로 $b=1$

10 $y=ax+3$의 그래프를 y축의 방향으로 -10만큼 평행이동 한 그래프의 식은 $y=ax-7$

x절편이 -7이므로 $y=ax-7$에 점 $(-7,\ 0)$을 대입하면

$a=-1$

$y=-x-7$의 y절편이 -7이므로 $b=-7$

거저먹는 시험 문제   98쪽

| 1 ② | 2 ④ | 3 x절편 : 3 , y절편 : -1 |
| 4 ④ | 5 ⑤ | 6 2 |

2 ①, ②, ③, ⑤의 x절편은 2이다.

④의 x절편은 -1이다.

3 $y=\dfrac{1}{3}x+2$의 그래프를 y축의 방향으로 -3만큼 평행이동

한 그래프의 식은 $y=\dfrac{1}{3}x-1$

x절편은 $y=0$을 대입하면 $x=3$, y절편은 -1이다.

4 $y=ax+b$에 점 $(0,\ 1)$을 대입하면 $b=1$

$y=ax+1$에 점 $\left(-\dfrac{1}{3},\ 0\right)$을 대입하면 $-\dfrac{1}{3}a+1=0$

$\therefore a=3$

$\therefore a+b=3+1=4$

5 $y=-4x+5$의 그래프의 y절편은 5이므로 $y=-\dfrac{2}{5}x+b$의

그래프의 x절편은 5이다.

$y=-\dfrac{2}{5}x+b$에 점 $(5,\ 0)$을 대입하면 $b=2$

6 $y=ax+7$의 그래프를 y축의 방향으로 -3만큼 평행이동하면

$y=ax+7-3=ax+4$

$x=0$을 대입하면 $b=4$

$y=0$을 대입하면 $0=2a+4$ $\therefore a=-2$

따라서 $a+b=-2+4=2$이다.

---

14 일차함수의 그래프의 기울기

A 일차함수의 그래프의 기울기 1   100쪽

| 1 4 | 2 -6 | 3 $\dfrac{1}{2}$ | 4 $-\dfrac{4}{3}$ |
| 5 $-\dfrac{11}{4}$ | 6 3, 3 | 7 -2, -2, -1 | 8 3, 3 |

B 일차함수의 그래프의 기울기 2   101쪽

1 3	2 15	3 -8	4 -2
5 -4	6 2	7 3	8 -2
9 -4	10 12		

1 $y=x+1$에서 y의 값의 증가량을 k라 하면

(기울기)$=\dfrac{(y\text{의 값의 증가량})}{(x\text{의 값의 증가량})}$이므로 $1=\dfrac{k}{3}$

$\therefore k=3$

2 $y=3x-2$에서 y의 값의 증가량을 k라 하면

$3=\dfrac{k}{5}$ $\therefore k=15$

3 $y=-2x+1$에서 y의 값의 증가량을 k라 하면

$-2=\dfrac{k}{5-1}$ $\therefore k=-8$

4 $y=-\dfrac{1}{2}x+3$에서 y의 값의 증가량을 k라 하면

$-\dfrac{1}{2}=\dfrac{k}{7-3}$ $\therefore k=-2$

5 $y=-\dfrac{2}{3}x-5$에서 y의 값의 증가량을 k라 하면

$-\dfrac{2}{3}=\dfrac{k}{3-(-3)}$ $\therefore k=-4$

6 $y=-x+1$에서 x의 값의 증가량을 k라 하면

$-1=\dfrac{-2}{k}$ $\therefore k=2$

7 $y=3x-2$에서 x의 값의 증가량을 k라 하면

$3=\dfrac{9}{k}$ $\therefore k=3$

8 $y=-4x+2$에서 x의 값의 증가량을 k라 하면

$-4=\dfrac{10-2}{k}$ $\therefore k=-2$

9 $y=-\dfrac{7}{4}x+3$에서 x의 값의 증가량을 k라 하면

$-\dfrac{7}{4}=\dfrac{4-(-3)}{k}$ $\therefore k=-4$

10 $y=\dfrac{5}{6}x+\dfrac{1}{2}$에서 x의 값의 증가량을 k라 하면

$\dfrac{5}{6}=\dfrac{2-(-8)}{k}$ $\therefore k=12$

C 두 점을 지나는 일차함수의 그래프의 기울기   102쪽

1 1	2 3	3 -3	4 4
5 $-\dfrac{1}{2}$	6 6	7 4	8 -4
9 0	10 6		

- -

1 두 점 $(1, 4)$, $(3, 6)$을 지나는 일차함수의 그래프의 기울기는 $\dfrac{6-4}{3-1}=\dfrac{2}{2}=1$

2 두 점 $(2, 4)$, $(4, 10)$을 지나는 일차함수의 그래프의 기울기는 $\dfrac{10-4}{4-2}=\dfrac{6}{2}=3$

3 두 점 $(5, 1)$, $(1, 13)$을 지나는 일차함수의 그래프의 기울기는

$\dfrac{13-1}{1-5}=-3$

4 두 점 $(-2, 3)$, $(-4, -5)$를 지나는 일차함수의 그래프의 기울기는 $\dfrac{-5-3}{-4-(-2)}=\dfrac{-8}{-2}=4$

5 두 점 $(-3, 0)$, $(-7, 2)$를 지나는 일차함수의 그래프의 기울기는 $\dfrac{2-0}{-7-(-3)}=-\dfrac{1}{2}$

6 두 점 $(1, 2)$, $(3, k)$를 지나는 일차함수의 그래프의 기울기가 2이므로 $2=\dfrac{k-2}{3-1}$ $\therefore k=6$

7 두 점 $(1, 5)$, $(2, k)$를 지나는 일차함수의 그래프의 기울기가 -1이므로 $-1=\dfrac{k-5}{2-1}$, $k-5=-1$ $\therefore k=4$

8 두 점 $(-1, k)$, $(-3, 4)$를 지나는 일차함수의 그래프의 기울기가 -4이므로 $-4=\dfrac{4-k}{-3-(-1)}$, $4-k=8$

$\therefore k=-4$

9 두 점 $(k, 3)$, $(-1, 2)$를 지나는 일차함수의 그래프의 기울기가 1이므로 $1=\dfrac{2-3}{-1-k}$, $-1-k=-1$

$\therefore k=0$

10 두 점 $(k, 4)$, $(5, 1)$을 지나는 일차함수의 그래프의 기울기가 3이므로 $3=\dfrac{1-4}{5-k}$, $5-k=-1$ $\therefore k=6$

D 세 점이 한 직선 위에 있을 때, 미지수 구하기   103쪽

1 9	2 5	3 15	4 12
5 -2	6 1	7 $\dfrac{1}{2}$	8 -3
9 -6	10 12		

- -

1 세 점 $(1, 3)$, $(7, 6)$, $(k, 7)$ 중 어느 두 점을 선택해서 기울기를 구해도 모두 같다.

$\dfrac{6-3}{7-1}=\dfrac{7-6}{k-7}$, $\dfrac{1}{2}=\dfrac{1}{k-7}$ $\therefore k=9$

2 세 점 $(1, 2)$, $(-3, 0)$, $(k, 4)$ 중 어느 두 점을 선택해서 기울기를 구해도 모두 같다.

$\dfrac{0-2}{-3-1}=\dfrac{4-0}{k-(-3)}$, $\dfrac{1}{2}=\dfrac{4}{k+3}$ $\therefore k=5$

3 세 점 $(-2, 5)$, $(0, 9)$, $(3, k)$ 중 어느 두 점을 선택해서 기울기를 구해도 모두 같다.

$\dfrac{9-5}{0-(-2)}=\dfrac{k-9}{3-0}$, $2=\dfrac{k-9}{3}$ $\therefore k=15$

4 세 점 $(-3, 3)$, $(2, 4)$, $(k, 6)$ 중 어느 두 점을 선택해서 기울기를 구해도 모두 같다.

$\dfrac{4-3}{2-(-3)}=\dfrac{6-4}{k-2}$, $\dfrac{1}{5}=\dfrac{2}{k-2}$ $\therefore k=12$

5 세 점 $(4, 1)$, $(-2, -5)$, $(1, k)$ 중 어느 두 점을 선택해서 기울기를 구해도 모두 같다.

$\dfrac{-5-1}{-2-4}=\dfrac{k-(-5)}{1-(-2)}$, $1=\dfrac{k+5}{3}$ $\therefore k=-2$

6 세 점 $(k, k+4)$, $(2, -1)$, $(3, -7)$ 중 어느 두 점을 선택해서 기울기를 구해도 모두 같다.

$\dfrac{-7-(-1)}{3-2}=\dfrac{k+4-(-1)}{k-2}$, $-6=\dfrac{k+5}{k-2}$

$-6k+12=k+5$ $\therefore k=1$

7 세 점 $(-k+2, k)$, $(3, -4)$, $(1, 2)$ 중 어느 두 점을 선택해서 기울기를 구해도 모두 같다.

$\dfrac{2-(-4)}{1-3}=\dfrac{2-k}{1-(-k+2)}$, $-3=\dfrac{2-k}{k-1}$

$-3k+3=2-k$ $\therefore k=\dfrac{1}{2}$

8 세 점 $(-4, 0)$, $(2k, k+1)$, $(2, 6)$ 중 어느 두 점을 선택해서 기울기를 구해도 모두 같다.

$\dfrac{6}{2-(-4)}=\dfrac{k+1}{2k-(-4)}$, $1=\dfrac{k+1}{2k+4}$

$2k+4=k+1$ $\therefore k=-3$

9 세 점 $(-6, 3)$, $(-k, k+3)$, $(2, -1)$ 중 어느 두 점을 선택해서 기울기를 구해도 모두 같다.

$\dfrac{-1-3}{2-(-6)}=\dfrac{-1-(k+3)}{2-(-k)}$, $-\dfrac{1}{2}=\dfrac{-k-4}{2+k}$

$2k+8=2+k$ $\therefore k=-6$

10 세 점 $(2, -6)$, $(-3, 4)$, $(k-7, -k)$ 중 어느 두 점을 선택해서 기울기를 구해도 모두 같다.

$$\frac{-6-4}{2-(-3)}=\frac{-k-4}{k-7-(-3)}, \quad -2=\frac{-k-4}{k-4}$$

$$-2k+8=-k-4 \qquad \therefore k=12$$

E 일차함수의 그래프의 기울기, x절편, y절편   104쪽

---

1 2, 1, −2   2 −3, 3, 9   3 $\frac{1}{2}$, −16, 8   4 $\frac{3}{4}$, 8, −6

5 $\frac{2}{3}$, −15, 10   6 −2, 2, 4   7 1, −3, 3

8 $-\frac{5}{2}$, −2, −5   9 $\frac{1}{4}$, −4, 1

- -

1 일차함수 $y=2x-2$의 식에서 x의 계수가 기울기이므로 기울기는 2, x절편은 $y=0$을 대입하면 1, y절편은 상수항이므로 −2이다.

2 일차함수 $y=-3x+9$의 식에서 x의 계수가 기울기이므로 기울기는 −3, x절편은 $y=0$을 대입하면 3, y절편은 상수항이므로 9이다.

3 일차함수 $y=\frac{1}{2}x+8$의 식에서 x의 계수가 기울기이므로 기울기는 $\frac{1}{2}$, x절편은 $y=0$을 대입하면 −16, y절편은 상수항이므로 8이다.

4 일차함수 $y=\frac{3}{4}x-6$의 식에서 x의 계수가 기울기이므로 기울기는 $\frac{3}{4}$, x절편은 $y=0$을 대입하면 8, y절편은 상수항이므로 −6이다.

5 일차함수 $y=\frac{2}{3}x+10$의 식에서 x의 계수가 기울기이므로 기울기는 $\frac{2}{3}$, x절편은 $y=0$을 대입하면 −15, y절편은 상수항이므로 10이다.

6 두 점 $(2, 0)$, $(0, 4)$를 지나므로 기울기는 $\frac{4-0}{0-2}=-2$
x절편은 2, y절편은 4이다.

7 두 점 $(-3, 0)$, $(0, 3)$을 지나므로 기울기는
$$\frac{3-0}{0-(-3)}=1$$
x절편은 −3, y절편은 3이다.

8 두 점 $(-2, 0)$, $(0, -5)$를 지나므로 기울기는
$$\frac{-5-0}{0-(-2)}=-\frac{5}{2}$$
x절편은 −2, y절편은 −5이다.

9 두 점 $(-4, 0)$, $(0, 1)$을 지나므로 기울기는
$$\frac{1-0}{0-(-4)}=\frac{1}{4}$$
x절편은 −4, y절편은 1이다.

---

1 ①   2 ①   3 ⑤
4 (1) $\frac{1}{4}$ (2) −2   5 ③   6 −4

1 x의 값이 3만큼 감소할 때, y의 값이 12만큼 감소하므로 기울기는 $\frac{-12}{-3}=4$

2 x의 값이 2만큼 증가할 때, y의 값은 1만큼 감소하므로 기울기는 $\frac{-1}{2}$

따라서 $\frac{a}{6}=-\frac{1}{2}$이므로 $a=-3$

3 두 점 $(-2, 8)$, $(1, k)$를 지나는 일차함수의 그래프의 기울기는
$$\frac{k-8}{1-(-2)}=-\frac{1}{3} \qquad \therefore k=7$$

4 (1) (기울기)$=\frac{0-(-1)}{1-(-3)}=\frac{1}{4}$

(2) (기울기)$=\frac{-5-7}{4-(-2)}=-2$

5 $\frac{-3-9}{2-(-1)}=\frac{4-(-3)}{k-2}$ 이므로 $\frac{-12}{3}=\frac{7}{k-2}$

$$-4(k-2)=7 \qquad \therefore k=\frac{1}{4}$$

6 두 점 $(-5, -8)$, $(1, -2)$를 지나는 직선 위에 점 $(k, 2k+1)$이 있다는 뜻은 세 점이 한 직선 위에 있다는 것이다.

따라서 세 점 $(-5, -8)$, $(1, -2)$, $(k, 2k+1)$ 중 어느 두 점을 선택해서 기울기를 구해도 모두 같다.

$$\frac{-2-(-8)}{1-(-5)}=\frac{2k+1-(-2)}{k-1}, \quad 1=\frac{2k+3}{k-1}$$

$$2k+3=k-1 \qquad \therefore k=-4$$

---

 15 일차함수의 그래프 그리기

A 두 점을 이용하여 일차함수의 그래프 그리기   107쪽

---

1 −4, 1, 풀이 참조   2 2, 4, 풀이 참조
3 −3, −5, 풀이 참조   4 풀이 참조
5 풀이 참조   6 풀이 참조

- -

1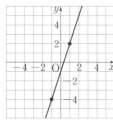

2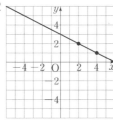

3

4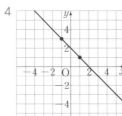

5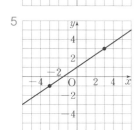

6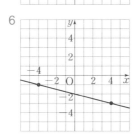

B x절편과 y절편을 이용하여 그래프 그리기 108쪽

1 2, −2, 풀이 참조   2 1, 3, 풀이 참조
3 −2, 1, 풀이 참조   4 풀이 참조
5 풀이 참조   6 풀이 참조

1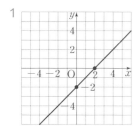

2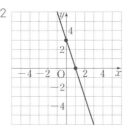

3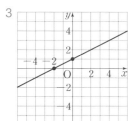

4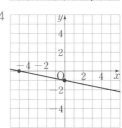

5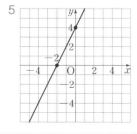

6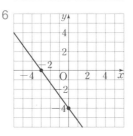

C 기울기와 y절편을 이용하여 그래프 그리기 109쪽

1 4, 1, 풀이 참조   2 −2, 3, 풀이 참조
3 $\dfrac{2}{3}$, 2, 풀이 참조   4 풀이 참조
5 풀이 참조   6 풀이 참조

1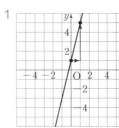

2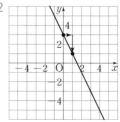

3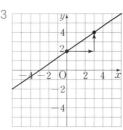

4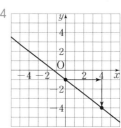

5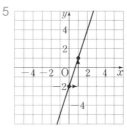

6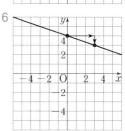

D 일차함수의 그래프와 x축, y축으로 둘러싸인 도형의 넓이 110쪽

1 8   2 $\dfrac{25}{4}$ 3 6   4 6
5 $\dfrac{9}{8}$ 6 10

1 $y=x+4$의 그래프의 x절편은 -4, y절편은 4이므로 넓이는
$\dfrac{1}{2}\times4\times4=8$

2 $y=-2x+5$의 그래프의 x절편은 $\dfrac{5}{2}$, y절편은 5이므로
넓이는 $\dfrac{1}{2}\times\dfrac{5}{2}\times5=\dfrac{25}{4}$

3 $y=\dfrac{1}{3}x+2$의 그래프의 x절편은 -6, y절편은 2이므로 넓이는
$\dfrac{1}{2}\times6\times2=6$

4 $y=-3x-6$의 그래프의 x절편은 -2, y절편은 -6이므로
넓이는 $\dfrac{1}{2}\times2\times6=6$

5 $y=4x-3$의 그래프의 x절편은 $\frac{3}{4}$, y절편은 -3이므로

넓이는 $\frac{1}{2} \times \frac{3}{4} \times 3 = \frac{9}{8}$

6 $y=-\frac{4}{5}x-4$의 그래프의 x절편은 -5, y절편은 -4이므로

넓이는 $\frac{1}{2} \times 5 \times 4 = 10$

E 두 일차함수의 그래프와 x축 또는 y축으로 둘러싸인 도형의 넓이　　　　111쪽

---

1 9	2 18	3 9	4 6
5 10	6 $\frac{33}{2}$		

- - - - - - - - - - - - - - - - - - -

1 $y=-x+3$의 그래프의 x절편이 3, y절편이 3이고 $y=x+3$의 그래프의 x절편이 -3, y절편이 3이므로 넓이는

$\frac{1}{2} \times \{3-(-3)\} \times 3 = 9$

2 $y=3x-6$의 그래프의 x절편이 2, y절편이 -6이고

$y=-\frac{3}{2}x-6$의 그래프의 x절편이 -4, y절편이 -6이므로 넓이는 $\frac{1}{2} \times \{2-(-4)\} \times 6 = 18$

3 $y=-\frac{1}{2}x+2$의 그래프의 x절편이 4, y절편이 2이고

$y=\frac{2}{5}x+2$의 그래프의 x절편이 -5, y절편이 2이므로 넓이는

$\frac{1}{2} \times \{4-(-5)\} \times 2 = 9$

4 $y=-x+2$의 그래프의 x절편이 2, y절편이 2이고

$y=2x-4$의 그래프의 x절편이 2, y절편이 -4이므로 넓이는

$\frac{1}{2} \times \{2-(-4)\} \times 2 = 6$

5 $y=x+4$의 그래프의 x절편이 -4, y절편이 4이고

$y=-\frac{1}{4}x-1$의 그래프의 x절편이 -4, y절편이 -1이므로 넓이는 $\frac{1}{2} \times \{4-(-1)\} \times 4 = 10$

6 $y=2x-6$의 그래프의 x절편이 3, y절편이 -6이고

$y=-\frac{5}{3}x+5$의 그래프의 x절편이 3, y절편이 5이므로 넓이는 $\frac{1}{2} \times \{5-(-6)\} \times 3 = \frac{33}{2}$

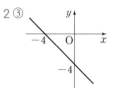 거저먹는 시험 문제　　　　112쪽

---

1 ①	2 ③	3 ②	4 ⑤
5 $\frac{45}{2}$			

1 $y=\frac{5}{3}x+10$의 그래프는 x절편이 -6, y절편이 10인 그래

프를 찾으면 된다.

2 ③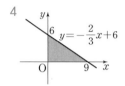

3 $y=-4x-8$의 그래프의 x절편은 -2, y절편이 -8이므로

넓이는 $\frac{1}{2} \times 2 \times 8 = 8$

4

$\therefore$ (넓이)$=\frac{1}{2} \times 9 \times 6 = 27$

5 $y=x+5$의 그래프는 x절편이 -5, y절편이 5이고

$y=-\frac{5}{4}x+5$의 그래프의 x절편이 4, y절편이 5이므로

(넓이)$=\frac{1}{2} \times \{4-(-5)\} \times 5 = \frac{45}{2}$

---

16 일차함수 $y=ax+b$의 그래프

A 일차함수 $y=ax+b$의 그래프의 성질　　　　114쪽

---

1 ㄱ, ㄴ, ㅁ	2 ㄱ, ㄴ, ㅁ	3 ㄷ, ㄹ	4 ㄹ
5 ㄷ	6 ㄷ	7 ㄷ, ㄹ	8 ㄴ
9 ㄱ, ㅁ	10 ㄱ, ㅁ		

- - - - - - - - - - - - - - - - - - -

1 기울기가 양수인 그래프이므로 ㄱ, ㄴ, ㅁ이다.
2 기울기가 양수인 그래프이므로 ㄱ, ㄴ, ㅁ이다.
3 기울기가 음수인 그래프이므로 ㄷ, ㄹ이다.
4 기울기의 절댓값이 가장 큰 그래프이므로 ㄹ이다.
5 기울기가 음수이고 y절편이 양수인 그래프이므로 ㄷ이다.
6 기울기가 -1인 그래프이므로 ㄷ이다.
7 기울기가 음수인 그래프이므로 ㄷ, ㄹ이다.
8 기울기의 절댓값이 가장 작은 그래프이므로 ㄴ이다.
9 기울기가 양수이고 y절편이 양수인 그래프이므로 ㄱ, ㅁ이다.
10 y절편이 4인 그래프이므로 ㄱ, ㅁ이다.

B 일차함수 $y=ax+b$의 그래프 모양 1　　　　115쪽

---

1 <, >	2 >, >	3 >, <	4 <, <
5 <, >	6 >, >	7 >, <	8 <, <

- - - - - - - - - - - - - - - - - - -

1 주어진 그래프에서 기울기가 음수이고 y절편이 양수이므로
$a<0, b>0$

2 주어진 그래프에서 기울기가 양수이고 y절편이 양수이므로
$a>0, b>0$

3 주어진 그래프에서 기울기가 양수이고 y절편이 음수이므로
$a>0, b<0$

4 주어진 그래프에서 기울기가 음수이고 y절편이 음수이므로
$a<0, b<0$

5 주어진 그래프에서 기울기가 양수이고 y절편이 양수이므로
$-a>0, b>0$ $\therefore a<0, b>0$

6 주어진 그래프에서 기울기가 음수이고 y절편이 양수이므로
$-a<0, b>0$ $\therefore a>0, b>0$

7 주어진 그래프에서 기울기가 음수이고 y절편이 음수이므로
$-a<0, b<0$ $\therefore a>0, b<0$

8 주어진 그래프에서 기울기가 양수이고 y절편이 음수이므로
$-a>0, b<0$ $\therefore a<0, b<0$

C 일차함수 $y=ax+b$의 그래프의 모양 2   116쪽

---

1 제3사분면   2 제4사분면   3 제2사분면   4 제1사분면
5 $<$, $>$/ㄱ   6 $>$, $<$/ㄷ   7 ㄴ   8 ㄹ

---

5 주어진 그래프에서 기울기가 음수이고 y절편이 음수이므로
$a<0, b<0$ $\therefore a+b<0, ab>0$

6 주어진 그래프에서 기울기가 양수이고 y절편이 음수이므로
$a>0, \ b<0$ $\therefore a-b>0, ab<0$

7 주어진 그래프에서 기울기가 양수이고 y절편이 양수이므로
$a>0, b>0$ $\therefore a+b>0, ab>0$

8 주어진 그래프에서 기울기가 음수이고 y절편이 양수이므로
$a<0, b>0$ $\therefore a-b<0, ab<0$

D 일차함수의 그래프의 평행   117쪽

---

1 1   2 -2 3 $\dfrac{1}{5}$ 4 2
5 -10 6 ㄹ   7 ㄴ   8 ㅁ
9 ㄱ   10 ㄷ

- -

4 두 일차함수의 그래프가 평행하므로 기울기가 같다.
$3a=6$ $\therefore a=2$

6 기울기가 4인 그래프이므로 ㄹ이다.

8 기울기가 $\dfrac{5}{6}$인 그래프이므로 ㅁ이다.

E 일차함수의 그래프의 일치   118쪽

---

1 $a=-1, b=5$ 2 $a=-4, b=-8$

3 $a=-7, b=-12$ 4 $a=-\dfrac{2}{3}, b=-\dfrac{1}{2}$

5 $a=-\dfrac{5}{7}, b=\dfrac{7}{10}$ 6 $a=3, b=\dfrac{3}{5}$

7 $a=-4, b=-3$ 8 $a=\dfrac{1}{8}, b=-4$

9 $a=-12, b=3$ 10 $a=\dfrac{7}{2}, b=-\dfrac{3}{2}$

거저먹는 시험 문제   119쪽

---

1 ②   2 ②   3 ⑤   4 ③
5 $\dfrac{1}{2}$ 6 ①

1 ② $y=-2x+\dfrac{2}{3}$의 x절편은 $\dfrac{1}{3}$이다.

2 일차함수의 그래프의 기울기는 음수이고 y절편은 양수이므로 $-a<0, -b>0$
$\therefore a>0, b<0$

3 일차함수 중 그 그래프가 y축에 가장 가까운 것은 기울기의 절댓값이 가장 큰 것이다.

5 두 그래프가 평행하므로 $a=-\dfrac{3}{4}$
$y=-\dfrac{3}{4}x+2$에 점 $(1, b)$를 대입하면 $b=\dfrac{5}{4}$
$\therefore a+b=-\dfrac{3}{4}+\dfrac{5}{4}=\dfrac{1}{2}$

6 $y=ax+3$의 그래프를 y축의 방향으로 -4만큼 평행이동한 그래프의 식은 $y=ax-1$
이 그래프와 $y=-5x+b$의 그래프가 일치하므로
$a=-5, b=-1$ $\therefore a+b=-5-1=-6$

---

17 일차함수의 식 구하기

A 기울기와 y절편이 주어질 때, 일차함수의 식 구하기   121쪽

---

1 $y=2x-1$ 2 $y=-3x+2$

3 $y=5x-\dfrac{1}{2}$ 4 $y=\dfrac{3}{4}x-5$

5 $y=-\dfrac{5}{2}x-3$ 6 $y=-3x+2$

7 $y=\dfrac{1}{4}x-1$ 8 $y=-2x+5$

9 $y=\dfrac{3}{5}x-4$ 10 $y=-\dfrac{2}{7}x+6$

B 기울기와 한 점이 주어질 때, 일차함수의 식 구하기

122쪽

1 $y=-4x+6$ 2 $y=6x-8$

3 $y=-3x+2$ 4 $y=-\dfrac{3}{2}x+1$

5 $y=\dfrac{4}{3}x-\dfrac{7}{3}$ 6 $y=-2x+3$

7 $y=4x-10$ 8 $y=-5x-11$

9 $y=-\dfrac{1}{2}x-\dfrac{9}{2}$ 10 $y=\dfrac{5}{3}x-8$

1 $y=-4x+b$로 놓고 점 $(1, 2)$를 대입하면
$2=-4+b, b=6$　∴ $y=-4x+6$

2 $y=6x+b$로 놓고 점 $(2, 4)$를 대입하면
$4=12+b, b=-8$　∴ $y=6x-8$

3 $y=-3x+b$로 놓고 점 $(-1, 5)$를 대입하면
$5=3+b, b=2$　∴ $y=-3x+2$

4 $y=-\dfrac{3}{2}x+b$로 놓고 점 $(4, -5)$를 대입하면
$-5=-6+b, b=1$　∴ $y=-\dfrac{3}{2}x+1$

5 $y=\dfrac{4}{3}x+b$로 놓고 점 $(4, 3)$을 대입하면
$3=\dfrac{4}{3}\times4+b, b=-\dfrac{7}{3}$　∴ $y=\dfrac{4}{3}x-\dfrac{7}{3}$

6 기울기가 -2이므로 $y=-2x+b$로 놓고 점 $(1, 1)$을 대입하면
$1=-2+b, b=3$　∴ $y=-2x+3$

7 기울기가 4이므로 $y=4x+b$로 놓고 점 $(2, -2)$를 대입하면
$-2=4\times2+b, b=-10$　∴ $y=4x-10$

8 기울기가 -5이므로 $y=-5x+b$로 놓고
점 $(-3, 4)$를 대입하면 $4=15+b, b=-11$
∴ $y=-5x-11$

9 기울기가 $-\dfrac{1}{2}$이므로 $y=-\dfrac{1}{2}x+b$로 놓고 점 $(3, -6)$을
대입하면 $-6=-\dfrac{1}{2}\times3+b, b=-\dfrac{9}{2}$
∴ $y=-\dfrac{1}{2}x-\dfrac{9}{2}$

10 기울기가 $\dfrac{5}{3}$이므로 $y=\dfrac{5}{3}x+b$로 놓고 점 $(6, 2)$를 대입하면
$2=\dfrac{5}{3}\times6+b, b=-8$　∴ $y=\dfrac{5}{3}x-8$

C 서로 다른 두 점이 주어질 때, 일차함수의 식 구하기

123쪽

1 $y=2x$ 2 $y=-2x+1$

3 $y=-3x-1$ 4 $y=3x+16$

5 $y=-4x-11$ 6 $y=\dfrac{1}{2}x+\dfrac{7}{2}$

7 $y=\dfrac{1}{3}x+3$ 8 $y=3x-14$

9 $y=-\dfrac{3}{2}x-10$ 10 $y=-5x+7$

1 두 점 $(1, 2)$, $(3, 6)$을 지나면 기울기는 $\dfrac{6-2}{3-1}=2$이므로
$y=2x+b$로 놓고 점 $(1, 2)$를 대입하면
$b=0$　∴ $y=2x$

2 두 점 $(-1, 3)$, $(-3, 7)$을 지나면 기울기는
$\dfrac{7-3}{-3-(-1)}=-2$이므로 $y=-2x+b$로 놓고
점 $(-1, 3)$을 대입하면 $b=1$　∴ $y=-2x+1$

3 두 점 $(-2, 5)$, $(1, -4)$를 지나면 기울기는
$\dfrac{-4-5}{1-(-2)}=-3$이므로 $y=-3x+b$로 놓고
점 $(1, -4)$를 대입하면
$b=-1$　∴ $y=-3x-1$

4 두 점 $(-5, 1)$, $(-1, 13)$을 지나면 기울기는
$\dfrac{13-1}{-1-(-5)}=3$이므로 $y=3x+b$로 놓고
점 $(-1, 13)$을 대입하면 $b=16$　∴ $y=3x+16$

5 두 점 $(-2, -3)$, $(-4, 5)$를 지나면 기울기는
$\dfrac{5-(-3)}{-4-(-2)}=-4$이므로 $y=-4x+b$로 놓고
점 $(-2, -3)$을 대입하면
$b=-11$　∴ $y=-4x-11$

6 두 점 $(-7, 0)$, $(1, 4)$를 지나면 기울기는
$\dfrac{4-0}{1-(-7)}=\dfrac{1}{2}$이므로 $y=\dfrac{1}{2}x+b$로 놓고
점 $(-7, 0)$을 대입하면 $b=\dfrac{7}{2}$　∴ $y=\dfrac{1}{2}x+\dfrac{7}{2}$

7 두 점 $(-3, 2)$, $(3, 4)$를 지나면 기울기는
$\dfrac{4-2}{3-(-3)}=\dfrac{1}{3}$이므로 $y=\dfrac{1}{3}x+b$로 놓고
점 $(-3, 2)$를 대입하면
$b=3$　∴ $y=\dfrac{1}{3}x+3$

8 두 점 $(2, -8)$, $(3, -5)$를 지나면 기울기는
$\dfrac{-5-(-8)}{3-2}=3$이므로 $y=3x+b$로 놓고
점 $(2, -8)$을 대입하면 $b=-14$　∴ $y=3x-14$

9 두 점 $(-10, 5)$, $(-6, -1)$를 지나면 기울기는
$\dfrac{-1-5}{-6-(-10)}=-\dfrac{3}{2}$이므로 $y=-\dfrac{3}{2}x+b$로 놓고
점 $(-10, 5)$를 대입하면
$b=-10$　∴ $y=-\dfrac{3}{2}x-10$

10 두 점 $(1, 2)$, $(-2, 17)$을 지나면 기울기는
$\dfrac{17-2}{-2-1}=-5$이므로 $y=-5x+b$로 놓고
점 $(1, 2)$를 대입하면 $b=7$　∴ $y=-5x+7$

D 한 점과 x절편 또는 y절편이 주어질 때, 일차함수의 식 구하기 124쪽

1 $y=-x+2$ 2 $y=2x+6$

3 $y=-\dfrac{1}{3}x+\dfrac{4}{3}$ 4 $y=-2x+2$

5 $y=x+2$ 6 $y=-7x+10$

7 $y=13x-8$ 8 $y=-x-4$

9 $y=\dfrac{1}{8}x+2$ 10 $y=3x-7$

- -

1 두 점 $(-1,\,3),\,(2,\,0)$을 지나므로 기울기는

$\dfrac{0-3}{2-(-1)}=-1$

따라서 $y=-x+b$로 놓고 점 $(2,\,0)$을 대입하면 $b=2$이므로 $y=-x+2$

2 두 점 $(2,\,10),\,(-3,\,0)$을 지나므로 기울기는

$\dfrac{0-10}{-3-2}=2$

따라서 $y=2x+b$로 놓고 점 $(-3,\,0)$을 대입하면 $b=6$이므로 $y=2x+6$

3 두 점 $(-5,\,3),\,(4,\,0)$을 지나므로 기울기는

$\dfrac{0-3}{4-(-5)}=-\dfrac{1}{3}$

따라서 $y=-\dfrac{1}{3}x+b$로 놓고 점 $(4,\,0)$을 대입하면 $b=\dfrac{4}{3}$이므로 $y=-\dfrac{1}{3}x+\dfrac{4}{3}$

4 두 점 $(-3,\,8),\,(1,\,0)$을 지나므로 기울기는

$\dfrac{0-8}{1-(-3)}=-2$

따라서 $y=-2x+b$로 놓고 점 $(1,\,0)$을 대입하면 $b=2$이므로 $y=-2x+2$

5 두 점 $(7,\,9),\,(-2,\,0)$을 지나므로 기울기는

$\dfrac{0-9}{-2-7}=1$

따라서 $y=x+b$로 놓고 점 $(-2,\,0)$을 대입하면 $b=2$이므로 $y=x+2$

6 두 점 $(2,\,-4),\,(0,\,10)$을 지나므로 기울기는

$\dfrac{10-(-4)}{0-2}=-7$ $\therefore y=-7x+10$

7 두 점 $(1,\,5),\,(0,\,-8)$을 지나므로 기울기는

$\dfrac{-8-5}{0-1}=13$ $\therefore y=13x-8$

8 두 점 $(-6,\,2),\,(0,\,-4)$를 지나므로 기울기는

$\dfrac{-4-2}{0-(-6)}=-1$ $\therefore y=-x-4$

9 두 점 $(-8,\,1),\,(0,\,2)$를 지나므로 기울기는

$\dfrac{2-1}{0-(-8)}=\dfrac{1}{8}$ $\therefore y=\dfrac{1}{8}x+2$

10 두 점 $(4,\,5),\,(0,\,-7)$을 지나므로 기울기는

$\dfrac{-7-5}{0-4}=3$ $\therefore y=3x-7$

E x절편과 y절편이 주어질 때, 일차함수의 식 구하기 125쪽

1 $y=4x+4$ 2 $y=\dfrac{2}{3}x-2$

3 $y=-2x+8$ 4 $y=\dfrac{2}{5}x+2$

5 $y=5x-10$ 6 $y=-\dfrac{1}{2}x-3$

7 $y=x-4$ 8 $y=4x+8$

9 $y=7x-7$ 10 $y=\dfrac{1}{3}x-3$

- -

1 두 점 $(-1,\,0),\,(0,\,4)$를 지나므로 기울기는

$\dfrac{4-0}{0-(-1)}=4$ $\therefore y=4x+4$

2 두 점 $(3,\,0),\,(0,\,-2)$를 지나므로 기울기는

$\dfrac{-2-0}{0-3}=\dfrac{2}{3}$ $\therefore y=\dfrac{2}{3}x-2$

3 두 점 $(4,\,0),\,(0,\,8)$을 지나므로 기울기는

$\dfrac{8-0}{0-4}=-2$ $\therefore y=-2x+8$

4 두 점 $(-5,\,0),\,(0,\,2)$를 지나므로 기울기는

$\dfrac{2-0}{0-(-5)}=\dfrac{2}{5}$ $\therefore y=\dfrac{2}{5}x+2$

5 두 점 $(2,\,0),\,(0,\,-10)$을 지나므로 기울기는

$\dfrac{-10-0}{0-2}=5$ $\therefore y=5x-10$

6 두 점 $(-6,\,0),\,(0,\,-3)$을 지나므로 기울기는

$\dfrac{-3-0}{0-(-6)}=-\dfrac{1}{2}$ $\therefore y=-\dfrac{1}{2}x-3$

7 두 점 $(4,\,0),\,(0,\,-4)$를 지나므로 기울기는

$\dfrac{-4-0}{0-4}=1$ $\therefore y=x-4$

8 두 점 $(-2,\,0),\,(0,\,8)$을 지나므로 기울기는

$\dfrac{8-0}{0-(-2)}=4$ $\therefore y=4x+8$

9 두 점 $(1,\,0),\,(0,\,-7)$을 지나므로 기울기는

$\dfrac{-7-0}{0-1}=7$ $\therefore y=7x-7$

10 두 점 $(9,\,0),\,(0,\,-3)$을 지나므로 기울기는

$\dfrac{-3-0}{0-9}=\dfrac{1}{3}$ $\therefore y=\dfrac{1}{3}x-3$

🐰 **거저먹는 시험 문제** 126쪽

1 $y=2x+6$ 2 ①   3 ⑤   4 ②

5 1   6 ③

2 $y=-3x+7$의 그래프와 평행하므로 기울기는 -3

$y=\dfrac{1}{8}x-4$의 그래프와 y축 위에서 만나므로 y절편은 -4

$\therefore y=-3x-4$

3 기울기가 $\frac{1}{3}$이고, y절편이 5이므로 $y=\frac{1}{3}x+5$

점 $(k,\,k+3)$을 지나므로 $k+3=\frac{1}{3}k+5$　　∴ $k=3$

5 두 점 $(-4,\,1)$, $(-2,\,13)$을 지나므로 기울기는

　$\dfrac{13-1}{-2-(-4)}=6$　　∴ $a=6$

따라서 $y=6x+b$에 점 $(-4,\,1)$을 대입하면

$b=25$

∴ $b-4a=25-24=1$

---

18 일차함수의 활용

A 온도에 대한 일차함수의 활용　　128쪽

1 $6x\,℃$	2 $20\,℃$	3 $y=20-6x$	4 $-10\,℃$
5 $2\,km$	6 초속 $0.6x\,m$	7 초속 $331\,m$	
8 $y=331+0.6x$		9 초속 $340\,m$	10 $10\,℃$

4 $y=20-6x$에 $x=5$를 대입하면 $y=20-30=-10$

5 $y=20-6x$에 $y=8$을 대입하면 $8=20-6x$　　∴ $x=2$

9 $y=331+0.6x$에 $x=15$를 대입하면

　$y=331+0.6\times15=340$

10 $y=331+0.6x$에 $y=337$을 대입하면

　$337=331+0.6x$　　∴ $x=10$

B 길이에 대한 일차함수의 활용　　129쪽

1 $\frac{1}{5}\,cm$	2 $\frac{1}{5}x\,cm$	3 $y=8+\frac{1}{5}x$	4 $11\,cm$
5 $60\,g$	6 $\frac{1}{4}\,cm$	7 $\frac{1}{4}x\,cm$	8 $y=30-\frac{1}{4}x$
9 $26\,cm$	10 100분		

4 $y=8+\frac{1}{5}x$에 $x=15$를 대입하면 $y=8+\frac{1}{5}\times15=11$

5 $y=8+\frac{1}{5}x$에 $y=20$을 대입하면 $20=8+\frac{1}{5}x$　　∴ $x=60$

C 액체에 대한 일차함수의 활용　　130쪽

1 $4\,L$	2 $4x\,L$	3 $y=100-4x$	4 $20\,L$
5 10분	6 $\frac{1}{9}\,L$	7 $\frac{1}{9}x\,L$	
8 $y=45-\frac{1}{9}x$	9 $33\,L$	10 $72\,km$	

D 속력에 대한 일차함수의 활용　　131쪽

1 $\frac{3}{2}x\,km$	2 $y=300-\frac{3}{2}x$	3 $240\,km$	4 120분
5 200분	6 $30x\,km$	7 $y=630-30x$	
8 $360\,km$	9 14시간	10 21시간	

E 도형에서의 일차함수의 활용　　132쪽

1 $2x\,cm$	2 $2x\,cm$	3 $y=10x$	4 $40\,cm^2$
5 2초	6 $3x\,cm$	7 $12-3x$	8 $y=72-9x$
9 $45\,cm^2$	10 4초		

3 $y=\frac{1}{2}\times\overline{AB}\times\overline{BP}=\frac{1}{2}\times10\times2x=10x$

8 $y=\frac{1}{2}\times\overline{AB}\times(\overline{PC}+\overline{AD})=\frac{1}{2}\times6\times(12-3x+12)$

　　$=72-9x$

거저먹는 시험 문제　　133쪽

1 ①	2 $60\,g$	3 ④	4 $22\,L$
5 ⑤	6 ③		

1 4분에 2 cm가 짧아지므로 1분에 $\frac{1}{2}\,cm$가 짧아진다.

양초에 불을 붙인 지 x초 후 남은 양초의 길이를 $y\,cm$라 하면

$y=20-\frac{1}{2}x$

양초의 길이가 14 cm이므로 $y=14$를 대입하면

$14=20-\frac{1}{2}x$　　∴ $x=12$

2 10 g인 물건을 달 때마다 4 cm씩 늘어나므로 1 g인 물건을 달 때마다 $\frac{4}{10}=\frac{2}{5}$(cm)씩 늘어난다.

무게가 x g인 물건을 매달았을 때의 용수철의 길이를 $y\,cm$라 하면 $y=12+\frac{2}{5}x$

$y=36$을 대입하면 $36=12+\frac{2}{5}x$　　∴ $x=60$

3 5분에 10 ℃가 내려가므로 1분에 2 ℃가 내려간다.

실온에 둔 지 x분 후의 물의 온도를 $y\,℃$라 하면 $y=100-2x$

$y=64$를 대입하면

$64=100-2x$　　∴ $x=18$

4 휘발유 1 L로 10 km를 갈 수 있으므로 1 km를 가는데 $\frac{1}{10}\,L$씩 사용한다.

∴ $y=40-\frac{1}{10}x$

$x=180$을 대입하면 $y=40-\dfrac{180}{10}=22$

5 지윤이가 달린 거리는 $240x$이므로 결승점까지의 거리 y를 구하면 $y=10000-240x$

6 매초 $\dfrac{1}{2}$ cm씩 움직이므로 x초 후에는 $\dfrac{1}{2}x$ cm 움직인다.

따라서 삼각형의 넓이 y는

$y=\dfrac{1}{2}\times\dfrac{1}{2}x\times8=2x$

$y=16$을 대입하면 $16=2x$ $\quad\therefore x=8$

19 일차함수와 일차방정식

A 일차방정식을 $y=ax+b$로 나타내기   135쪽

1 $y=-2x+1$ 2 $y=3x-5$

3 $y=5x+6$ 4 $y=4x+3$

5 $y=7x+9$ 6 $y=-2x-4$

7 $y=x-3$ 8 $y=\dfrac{5}{4}x-3$

9 $y=-\dfrac{8}{5}x+4$ 10 $y=7x-\dfrac{7}{3}$

B 일차함수와 일차방정식의 관계   136쪽

1 ○   2 ×   3 ○   4 ×

5 ○   6 ○   7 ○   8 ○

9 ×   10 ○

C 일차방정식의 그래프 위의 한 점   137쪽

1 ×   2 ×   3 ○   4 ×

5 ○   6 −1   7 $\dfrac{3}{2}$ 8 6

9 −2   10 10

1 $x-4y+2=0$에 점 $(1,1)$을 대입하면
$1-4+2\neq0$이므로 이 그래프 위의 점이 아니다.

4 $\dfrac{1}{2}x-y+8=0$에 점 $(-2,-5)$를 대입하면
$\dfrac{1}{2}\times(-2)-(-5)+8\neq0$이므로 이 그래프 위의 점이 아니다.

6 점 $(a,a+1)$을 일차방정식 $3x-y+3=0$에 대입하면
$3a-(a+1)+3=0$ $\quad\therefore a=-1$

9 점 $(-a,4a-1)$을 일차방정식 $4x+\dfrac{1}{3}y-5=0$에 대입하면

$-4a+\dfrac{1}{3}(4a-1)-5=0$

$-\dfrac{8}{3}a-\dfrac{16}{3}=0$ $\quad\therefore a=-2$

D 일차방정식의 미지수의 값 구하기   138쪽

1 $a=-1,b=-1$ 2 $a=2,b=4$

3 $a=-3,b=\dfrac{3}{2}$ 4 $a=-1,b=1$

5 $a=\dfrac{1}{4},b=\dfrac{1}{2}$ 6 $a=1,b=-\dfrac{1}{3}$

1 일차방정식 $ax+by+2=0$의 그래프가 두 점 $(2,0)$, $(0,2)$를 지나므로
$2a+2=0,\ 2b+2=0$ $\quad\therefore a=-1,b=-1$

2 일차방정식 $-x+2ay-b=0$의 그래프가 두 점 $(-4,0)$, $(0,1)$을 지나므로
$4-b=0,\ 2a-b=0$ $\quad\therefore a=2,b=4$

3 일차방정식 $-ax+3by+9=0$의 그래프가 두 점 $(-3,0)$, $(0,-2)$를 지나므로
$3a+9=0,\ -6b+9=0$ $\quad\therefore a=-3,b=\dfrac{3}{2}$

4 일차방정식 $ax+y-4b=0$의 그래프가 점 $(0,4)$를 지나므로 $b=1$
점 $(-2,2)$를 지나므로 $-2a+2-4=0$ $\quad\therefore a=-1$

5 일차방정식 $-x-4ay+6b=0$의 그래프가 두 점 $(-1,4)$, $(3,0)$을 지나므로
$1-16a+6b=0,\ -3+6b=0$ $\quad\therefore a=\dfrac{1}{4},b=\dfrac{1}{2}$

6 일차방정식 $-ax-4by+5=0$의 그래프가 점 $(5,0)$을 지나므로 $-5a=-5$ $\quad\therefore a=1$
점 $(-3,-6)$을 지나므로 $3+24b+5=0$
$\quad\therefore b=-\dfrac{1}{3}$

E 일차방정식의 그래프의 모양   139쪽

1 $>,>$ 2 $>,<$ 3 $<,<$ 4 $>,<$

5 $>,>$ 6 $>,<$

1 일차방정식 $-ax-2y+b=0$에서 $y=-\dfrac{a}{2}x+\dfrac{b}{2}$

이 그래프의 기울기는 음수이므로 $-\dfrac{a}{2}<0$ $\quad\therefore a>0$

y절편은 양수이므로 $\dfrac{b}{2}>0$ $\quad\therefore b>0$

2 일차방정식 $ax+3y-b=0$에서 $y=-\dfrac{a}{3}x+\dfrac{b}{3}$

이 그래프의 기울기는 음수이므로 $-\dfrac{a}{3}<0$ $\quad\therefore a>0$

y절편은 음수이므로 $\dfrac{b}{3}<0$ $\quad\therefore b<0$

3 일차방정식 $-ax-4y+b=0$에서 $y=-\dfrac{a}{4}x+\dfrac{b}{4}$

　이 그래프의 기울기는 양수이므로 $-\dfrac{a}{4}>0$　∴ $a<0$

　y절편은 음수이므로 $\dfrac{b}{4}<0$　∴ $b<0$

4 일차방정식 $-x+ay-5b=0$에서 $y=\dfrac{1}{a}x+\dfrac{5b}{a}$

　이 그래프의 기울기는 양수이므로 $\dfrac{1}{a}>0$　∴ $a>0$

　y절편은 음수이므로 $\dfrac{5b}{a}<0$　∴ $b<0$

5 일차방정식 $4x-5ay+b=0$에서 $y=\dfrac{4}{5a}x+\dfrac{b}{5a}$

　이 그래프의 기울기는 양수이므로 $\dfrac{4}{5a}>0$　∴ $a>0$

　y절편은 양수이므로 $\dfrac{b}{5a}>0$　∴ $b>0$

6 일차방정식 $2ax-by-4=0$에서 $y=\dfrac{2a}{b}x-\dfrac{4}{b}$

　이 그래프의 y절편은 양수이므로 $-\dfrac{4}{b}>0$　∴ $b<0$

　기울기는 음수이므로 $\dfrac{2a}{b}<0$　∴ $a>0$

 거저먹는 시험 문제　　　　　　　140쪽

1 ②	2 ⑤	3 -5	4 ⑤
5 ④			

1 $y=\dfrac{3}{4}x+2$이므로

　① x절편은 $-\dfrac{8}{3}$, y절편은 2이다.

　③ $y=-\dfrac{3}{4}x-8$의 그래프와 한 점에서 만난다.

　④ x의 값이 4만큼 증가할 때, y의 값은 3만큼 증가한다.
　⑤ 오른쪽 위로 향하는 직선이다.

2 일차방정식 $3x-2y-6=0$에서 $y=\dfrac{3}{2}x-3$이므로

　x절편은 2, y절편은 -3이다.

4 일차방정식 $-2x+ay-8=0$에 점 $(0,-4)$를 대입하면

　$a=-2$

　∴ $-2x-2y-8=0$

　이 일차방정식에 점 $(b,0)$을 대입하면 $b=-4$

　∴ $a-b=-2-(-4)=2$

5 일차방정식 $ax-by-2=0$에서 $y=\dfrac{a}{b}x-\dfrac{2}{b}$

　이 그래프의 y절편은 양수이므로 $-\dfrac{2}{b}>0$　∴ $b<0$

　기울기는 양수이므로 $\dfrac{a}{b}>0$　∴ $a<0$

---

20 좌표축에 평행한 직선의 방정식

A x축에 평행, y축에 수직인 직선의 방정식　　142쪽

1 풀이 참조	2 풀이 참조	3 $y=1$	4 $y=-5$
5 $y=2$	6 $y=3$	7 $y=5$	8 $y=\dfrac{1}{4}$
9 $y=\dfrac{5}{8}$			

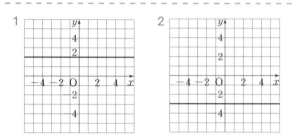

5 점 $(-1,2)$를 지나고 x축에 평행한 직선은 y좌표가 2이므로
　$y=2$

7 점 $(-7,5)$를 지나고 y축에 수직인 직선은 y좌표가 5이므로
　$y=5$

9 점 $\left(-\dfrac{4}{7},\dfrac{5}{8}\right)$를 지나고 y축에 수직인 직선은 y좌표가 $\dfrac{5}{8}$이

　므로 $y=\dfrac{5}{8}$

B y축에 평행, x축에 수직인 직선의 방정식　　143쪽

1 풀이 참조	2 풀이 참조	3 $x=-3$	4 $x=5$
5 $x=3$	6 $x=-4$	7 $x=-10$	8 $x=\dfrac{1}{6}$
9 $x=-\dfrac{9}{5}$			

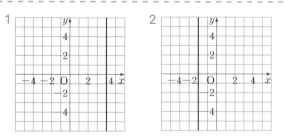

5 점 $(3,-3)$을 지나고 y축에 평행한 직선은 x좌표가 3이므로
　$x=3$

7 점 $(-10,-7)$을 지나고 x축에 수직인 직선은 x좌표가
　-10이므로 $x=-10$

9 점 $\left(-\dfrac{9}{5},9\right)$를 지나고 x축에 수직인 직선은 x좌표가 $-\dfrac{9}{5}$

　이므로 $x=-\dfrac{9}{5}$

C 좌표축에 평행한 네 직선으로 둘러싸인 도형의 넓이

144쪽

1 풀이 참조, 24 2 풀이 참조, 18 3 풀이 참조, 4
4 풀이 참조, 25 5 15 6 12
7 10 8 30

1
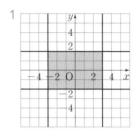
(넓이)=6×4=24

2
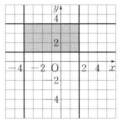
(넓이)=6×3=18

3
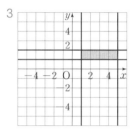
(넓이)=4×1=4

4
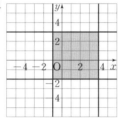
(넓이)=5×5=25

5
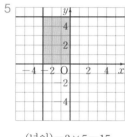
(넓이)=3×5=15

7
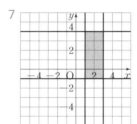
(넓이)=2×5=10

D 세 직선으로 둘러싸인 도형의 넓이

145쪽

1 8 2 9 3 4 4 6
5 8 6 24 7 9 8 4

1 직선 $y=x$와 $x=4$가 만나는 점의 좌표는 $(4,\ 4)$이므로
$(넓이)=\dfrac{1}{2}\times4\times4=8$

2 직선 $y=2x$와 $x=3$이 만나는 점의 좌표는 $(3,\ 6)$이므로
$(넓이)=\dfrac{1}{2}\times3\times6=9$

3 직선 $y=\dfrac{1}{2}x$와 $y=2$가 만나는 점의 좌표는 $(4,\ 2)$이므로
$(넓이)=\dfrac{1}{2}\times4\times2=4$

4 직선 $y=3x$와 $y=6$이 만나는 점의 좌표는 $(2,\ 6)$이므로
$(넓이)=\dfrac{1}{2}\times2\times6=6$

5 직선 $y=x$와 $y=1$이 만나는 점의 좌표는 $(1,\ 1)$, 직선 $y=x$와 $x=5$가 만나는 점의 좌표는 $(5,\ 5)$이므로
$(넓이)=\dfrac{1}{2}\times(5-1)\times(5-1)=8$

6 직선 $y=3x$와 $y=3$이 만나는 점의 좌표는 $(1,\ 3)$, 직선 $y=3x$와 $x=5$가 만나는 점의 좌표는 $(5,\ 15)$이므로
$(넓이)=\dfrac{1}{2}\times(5-1)\times(15-3)=24$

7 직선 $y=\dfrac{1}{2}x$와 $y=4$가 만나는 점의 좌표는 $(8,\ 4)$,
직선 $y=\dfrac{1}{2}x$와 $x=2$가 만나는 점의 좌표는 $(2,\ 1)$이므로
$(넓이)=\dfrac{1}{2}\times(8-2)\times(4-1)=9$

8 직선 $y=2x$와 $y=6$이 만나는 점의 좌표는 $(3,\ 6)$, 직선 $y=2x$와 $x=1$이 만나는 점의 좌표는 $(1,\ 2)$이므로
$(넓이)=\dfrac{1}{2}\times(3-1)\times(6-2)=4$

 거저먹는 시험 문제

146쪽

1 ① 2 ⑤ 3 ④ 4 36
5 ③ 6 ①

4 네 일차방정식은
$x=5,\ x=-4,\ y=-2,\ y=2$이므로
도형의 넓이는
$\{5-(-4)\}\times\{2-(-2)\}=9\times4=36$

5 직선 $y=\dfrac{3}{2}x$와 $x=8$이 만나는 점의 좌표는 $(8,\ 12)$이므로
$(넓이)=\dfrac{1}{2}\times8\times12=48$

6 직선 $y=2x$와 $y=6$이 만나는 점의 좌표는 $(3,\ 6)$, 직선 $y=2x$와 $x=2$가 만나는 점의 좌표는 $(2,\ 4)$이므로
$(넓이)=\dfrac{1}{2}\times(3-2)\times(6-4)=1$

21 연립방정식의 해와 그래프

A 연립방정식의 해와 그래프의 교점

148쪽

1 $(3,\ 2)$ 2 $(2,\ 1)$ 3 $(1,\ 1)$ 4 $(-2,\ 2)$
5 $(-1,\ -1)$ 6 $(-1,\ 3)$ 7 $(3,\ 2)$ 8 $(2,\ -4)$

B 두 직선의 교점의 좌표를 이용하여 미지수의 값 구하기

1 $a=5, b=-1$	2 $a=6, b=-7$
3 $a=2, b=-3$	4 $a=-4, b=-6$
5 $a=-2, b=-2$	6 $a=2, b=-1$
7 $a=-2, b=2$	8 $a=3, b=-1$

1 점 $(4, 1)$을 $x+y=a$에 대입하면 $a=5$
　점 $(4, 1)$을 $bx+y=-3$에 대입하면 $b=-1$
2 점 $(1, 3)$을 $ax-y=3$에 대입하면 $a=6$
　점 $(1, 3)$을 $-x-2y=b$에 대입하면 $b=-7$
3 점 $(-2, 1)$을 $x+4y=a$에 대입하면 $a=2$
　점 $(-2, 1)$을 $2x+by=-7$에 대입하면 $b=-3$
4 점 $(-4, 2)$를 $ax-7y=2$에 대입하면 $a=-4$
　점 $(-4, 2)$를 $x-y=b$에 대입하면 $b=-6$
5 점 $(2, 2)$를 $ax+5y=6$에 대입하면 $a=-2$
　점 $(2, 2)$를 $3x-4y=b$에 대입하면 $b=-2$
6 점 $(2, -3)$을 $ax+y=1$에 대입하면 $a=2$
　점 $(2, -3)$을 $x+y=b$에 대입하면 $b=-1$
7 점 $(-1, -1)$을 $5x+ay=-3$에 대입하면 $a=-2$
　점 $(-1, -1)$을 $x-3y=b$에 대입하면 $b=2$
8 점 $(-1, 2)$를 $ax+y=-1$에 대입하면 $a=3$
　점 $(-1, 2)$를 $5x+2y=b$에 대입하면 $b=-1$

C 두 일차방정식의 그래프의 교점을 지나는 일차함수

1 $(-1, 3)$	2 $(-4, -1)$	3 $(1, 5)$	4 $(2, 2)$
5 -1	6 2	7 7	8 -6

5 두 일차방정식 $x+6y+7=0, 2x+3y-4=0$을 연립하여 풀면
　$x=5, y=-2$
　이것을 $y=ax+3$에 대입하면 $a=-1$
6 두 일차방정식 $3x-4y+3=0, -x+5y-12=0$을 연립하여 풀면 $x=3, y=3$
　이것을 $y=ax-3$에 대입하면 $a=2$
7 두 일차방정식 $-5x+4y-11=0, 3x-2y+5=0$을 연립하여 풀면 $x=1, y=4$
　이것을 $y=-3x+a$에 대입하면 $a=7$
8 두 일차방정식 $-8x+3y-10=0, 5x-3y+4=0$을 연립하여 풀면 $x=-2, y=-2$
　이것을 $y=-2x+a$에 대입하면 $a=-6$

D 두 일차방정식의 그래프의 교점을 지나는 직선의 방정식

1 $x=1$	2 $y=9$	3 $x=-2$	4 $y=3$
5 $y=3x-8$	6 $y=-x+4$	7 $y=2x+\dfrac{5}{3}$	
8 $y=-4x-13$			

1 두 일차방정식 $x+y=4, 3x-y=0$을 연립하여 풀면 $x=1, y=3$이므로 이 교점을 지나고 y축에 평행한 직선의 방정식은 $x=1$
2 두 일차방정식 $2x-y=1, 4x-3y=-7$을 연립하여 풀면 $x=5, y=9$이므로 이 교점을 지나고 x축에 평행한 직선의 방정식은 $y=9$
3 두 일차방정식 $3x+y=-2, 6x+5y=8$을 연립하여 풀면 $x=-2, y=4$이므로 이 교점을 지나고 x축에 수직인 직선의 방정식은 $x=-2$
4 두 일차방정식 $-2x+y=-5, 3x-7y=-9$를 연립하여 풀면 $x=4, y=3$이므로 이 교점을 지나고 y축에 수직인 직선의 방정식은 $y=3$
5 두 일차방정식 $x-y=4, 5x+2y=6$을 연립하여 풀면 $x=2, y=-2$이므로 기울기가 3인 직선의 방정식 $y=3x+b$에 대입하면 $b=-8$　∴ $y=3x-8$
6 두 일차방정식 $x-2y=1, 2x-7y=-1$을 연립하여 풀면 $x=3, y=1$이므로 기울기가 -1인 직선의 방정식 $y=-x+b$에 대입하면 $b=4$　∴ $y=-x+4$
7 두 일차방정식 $2x-3y=-1, x+6y=-3$을 연립하여 풀면 $x=-1, y=-\dfrac{1}{3}$이므로 기울기가 2인 직선의 방정식 $y=2x+b$에 대입하면 $b=\dfrac{5}{3}$　∴ $y=2x+\dfrac{5}{3}$
8 두 일차방정식 $x+3y=5, x+4y=8$을 연립하여 풀면 $x=-4, y=3$이므로 기울기가 -4인 직선의 방정식 $y=-4x+b$에 대입하면 $b=-13$　∴ $y=-4x-13$

E 한 점에서 만나는 세 직선

1 1	2 2	3 -5	4 -1
5 1	6 2	7 -2	8 $-\dfrac{12}{5}$

1 두 일차방정식 $x+y=4, x-y=8$을 연립하여 풀면 $x=6, y=-2$이므로 $ax-y=8$에 대입하면 $a=1$
2 두 일차방정식 $3x-2y=0, 5x-y=7$을 연립하여 풀면 $x=2, y=3$이므로 $4x-ay=2$에 대입하면 $a=2$
3 두 일차방정식 $4x+y=4, x+y=-2$를 연립하여 풀면 $x=2, y=-4$이므로 $ax-y=-6$에 대입하면 $a=-5$

4 두 일차방정식 $x+3y=3$, $2x+5y=4$를 연립하여 풀면
$x=-3$, $y=2$이므로 $x-ay=a$에 대입하면 $a=-1$

5 두 일차방정식 $2x+y=4$, $x-5y=-9$를 연립하여 풀면
$x=1$, $y=2$이므로 $ax-y=-a$에 대입하면 $a=1$

6 두 일차방정식 $5x+y=10$, $4x-3y=-11$을 연립하여 풀면
$x=1$, $y=5$이므로 $3x-ay=a-9$에 대입하면 $a=2$

7 두 일차방정식 $x-2y=3$, $5x-4y=-3$을 연립하여 풀면
$x=-3$, $y=-3$이므로 $a(x-1)+y=5$에 대입하면
$a=-2$

8 두 일차방정식 $6x+y=2$, $5x+y=1$을 연립하여 풀면
$x=1$, $y=-4$이므로 $7x-ay=-a-5$에 대입하면
$a=-\dfrac{12}{5}$

F 연립방정식의 해의 개수와 두 그래프의 위치 관계

153쪽

1 $a=2$, $b=3$ 2 $a=3$, $b=8$
3 $a=4$, $b=-1$ 4 $a=-3$, $b=5$
5 5   6 $-\dfrac{5}{3}$ 7 $-\dfrac{1}{2}$ 8 -3

1 해가 무수히 많으므로 $\dfrac{a}{6}=\dfrac{1}{3}=\dfrac{1}{b}$ $\therefore a=2$, $b=3$

2 해가 무수히 많으므로 $\dfrac{-1}{-4}=\dfrac{a}{12}=\dfrac{2}{b}$ $\therefore a=3$, $b=8$

3 해가 무수히 많으므로 $\dfrac{a}{-2}=\dfrac{2}{b}=\dfrac{8}{-4}$
   $\therefore a=4$, $b=-1$

4 해가 무수히 많으므로 $\dfrac{9}{-3}=\dfrac{a}{1}=\dfrac{15}{-b}$
   $\therefore a=-3$, $b=5$

5 해가 없으므로 $\dfrac{a}{1}=\dfrac{10}{2}\neq\dfrac{-5}{-4}$ $\therefore a=5$

6 해가 없으므로 $\dfrac{3}{-1}=\dfrac{5}{a}\neq\dfrac{7}{1}$ $\therefore a=-\dfrac{5}{3}$

7 해가 없으므로 $\dfrac{1}{4}=\dfrac{a}{-2}\neq\dfrac{10}{5}$ $\therefore a=-\dfrac{1}{2}$

8 해가 없으므로 $\dfrac{6}{-2}=\dfrac{9}{a}\neq\dfrac{2}{3}$ $\therefore a=-3$

거저먹는 시험 문제

154쪽

1 $x=1$, $y=2$ 2 ③   3 ⑤
4 $a=7$, $b=-4$ 5 $a=3$, $b=2$ 6 ③

3 두 일차방정식의 그래프의 교점이 $(-2, 1)$이므로
$ax-2y+8=0$에 대입하면 $a=3$

4 점 $(2, 3)$을 $2x+y=a$에 대입하면 $a=7$
점 $(2, 3)$을 $bx+y=-5$에 대입하면 $b=-4$

5 $\dfrac{a}{1}=\dfrac{6}{b}=\dfrac{-9}{-3}$이므로 $a=3$, $b=2$

6 $\dfrac{a}{6}=\dfrac{2}{4}\neq\dfrac{3}{b}$이므로 $a=3$, $b\neq6$

22 직선의 방정식의 응용

A 직선이 선분과 만날 조건

156쪽

1 $\dfrac{2}{3}\leq a\leq4$ 2 $1\leq a\leq3$
3 $\dfrac{2}{5}\leq a\leq\dfrac{3}{2}$ 4 $1\leq a\leq5$
5 $1\leq a\leq4$ 6 $\dfrac{1}{2}\leq a\leq2$

1 직선 $y=ax$에 점 $A(1, 4)$를 대입하면 $a=4$
점 $B(3, 2)$를 대입하면 $a=\dfrac{2}{3}$ $\therefore \dfrac{2}{3}\leq a\leq4$

2 직선 $y=ax$에 점 $A(2, 6)$을 대입하면 $a=3$
점 $B(3, 3)$을 대입하면 $a=1$ $\therefore 1\leq a\leq3$

3 직선 $y=ax$에 점 $A(2, 3)$을 대입하면 $a=\dfrac{3}{2}$
점 $B(5, 2)$를 대입하면 $a=\dfrac{2}{5}$ $\therefore \dfrac{2}{5}\leq a\leq\dfrac{3}{2}$

4 직선 $y=ax-2$에 점 $A(1, 3)$을 대입하면 $a=5$
점 $B(3, 1)$을 대입하면 $a=1$ $\therefore 1\leq a\leq5$

5 직선 $y=ax-2$에 점 $A(1, 2)$를 대입하면 $a=4$
점 $B(4, 2)$를 대입하면 $a=1$ $\therefore 1\leq a\leq4$

6 직선 $y=ax-2$에 점 $A(3, 4)$를 대입하면 $a=2$
점 $B(6, 1)$을 대입하면 $a=\dfrac{1}{2}$ $\therefore \dfrac{1}{2}\leq a\leq2$

B 직선으로 둘러싸인 도형의 넓이

157쪽

1 1   2 $\dfrac{3}{2}$ 3 13   4 $\dfrac{5}{2}$
5 $\dfrac{11}{4}$ 6 25

1 $x+y-3=0$, $-x+y+1=0$을 연립하여 풀면
$x=2$, $y=1$
$x+y-3=0$의 x절편이 3이고, $-x+y+1=0$의 x절편이
1이므로 넓이는
$\dfrac{1}{2}\times(3-1)\times1=1$

2 $2x+y+8=0$, $4x-y+10=0$을 연립하여 풀면

$x=-3$, $y=-2$

$2x+y+8=0$의 x절편이 -4이고 $4x-y+10=0$의 x절편이

$-\dfrac{5}{2}$이므로 넓이는

$$\dfrac{1}{2}\times\left\{-\dfrac{5}{2}-(-4)\right\}\times 2=\dfrac{3}{2}$$

3 $2x+7y+6=0$, $x-3y-10=0$을 연립하여 풀면

$x=4$, $y=-2$

$2x+7y+6=0$의 x절편이 -3이고 $x-3y-10=0$의 x절편이

10이므로 넓이는

$$\dfrac{1}{2}\times\{10-(-3)\}\times 2=13$$

4 $3x-y+1=0$, $2x+y-6=0$을 연립하여 풀면

$x=1$, $y=4$

$3x-y+1=0$의 y절편이 1이고, $2x+y-6=0$의 y절편이 6

이므로 넓이는

$$\dfrac{1}{2}\times(6-1)\times 1=\dfrac{5}{2}$$

5 $5x+y+3=0$, $x-2y+5=0$을 연립하여 풀면

$x=-1$, $y=2$

$5x+y+3=0$의 y절편이 -3이고, $x-2y+5=0$의 y절편이

$\dfrac{5}{2}$이므로 넓이는

$$\dfrac{1}{2}\times\left\{\dfrac{5}{2}-(-3)\right\}\times 1=\dfrac{11}{4}$$

6 $x-y+3=0$, $x+y+7=0$을 연립하여 풀면

$x=-5$, $y=-2$

$x-y+3=0$의 y절편이 3이고 $x+y+7=0$의 y절편이 -7

이므로 넓이는

$$\dfrac{1}{2}\times\{3-(-7)\}\times 5=25$$

C 넓이를 이등분하는 직선의 방정식　158쪽

1 x절편: -4, y절편: 4　　　**2** 8　　　**3** 4
4 Help 4, 4 / 2　　　**5** -2　　　**6** -1
7 x절편: 2, y절편: 6　　　**8** 6　　　**9** 3
10 3　　　**11** 1　　　**12** 3

- - - - - - - - - -

4 점 C의 y좌표를 k라 하면 밑변의 길이는 4이고 넓이가 4

이므로 $\dfrac{1}{2}\times 4\times k=4$　　　$\therefore k=2$

5 점 C의 y좌표가 2이므로 $x-y+4=0$에 $y=2$를 대입하면

$x=-2$

6 $x=-2$, $y=2$를 $y=mx$에 대입하면 $m=-1$

10 점 C의 y좌표를 k라 하면 밑변의 길이는 2이고 넓이가

3이므로 $\dfrac{1}{2}\times 2\times k=3$　　　$\therefore k=3$

11 점 C의 y좌표가 3이므로 $y=-3x+6$에 $y=3$을 대입하면

$x=1$

12 $x=1$, $y=3$을 $y=mx$에 대입하면 $m=3$

D 그래프를 이용한 일차함수의 활용　159쪽

1 12분　　　**2** $20\,℃$　　　**3** 7분　　　**4** 20분

- - - - - - - - - -

1 x절편이 15이고 y절편이 30이므로 일차함수의 식으로 나타내면

$y=-2x+30$

이 식에 $y=6$을 대입하면 $x=12$

2 x절편이 20이고 y절편이 80이므로 일차함수의 식으로 나타내면

$y=-4x+80$

이 식에 $x=15$를 대입하면 $y=20$

3 A물통의 그래프는 x절편이 10이고 y절편이 50이므로 일차

함수의 식으로 나타내면 $y=-5x+50$

B물통의 그래프는 x절편이 12이고 y절편이 36이므로 일차

함수의 식으로 나타내면 $y=-3x+36$

즉, $-5x+50=-3x+36$일 때 $x=7$

4 형의 그래프는 두 점 $(10,\,0)$, $(30,\,3)$을 지나므로 일차함수

의 식으로 나타내면 $y=\dfrac{3}{20}x-\dfrac{3}{2}$

동생의 그래프는 두 점 $(0,\,0)$, $(40,\,3)$을 지나므로 일차함수

의 식으로 나타내면 $y=\dfrac{3}{40}x$

즉, $\dfrac{3}{20}x-\dfrac{3}{2}=\dfrac{3}{40}x$일 때 $x=20$

🐰 거저먹는 시험 문제　160쪽

1 ①　　　**2** ④　　　**3** 6　　　**4** 7분
5 40분

- - - - - - - - - -

1 직선 $y=ax-4$에 점 A$(-2,\,4)$를 대입하면 $a=-4$

점 B$(-5,\,1)$을 대입하면 $a=-1$

$\therefore -4\le a\le -1$

4 x절편이 10이고 y절편이 40이므로 일차함수의 식으로 나타내면

$y=-4x+40$

이 식에 $y=12$를 대입하면 $x=7$

5 형의 그래프는 두 점 $(20,\,0)$, $(60,\,5)$를 지나므로 일차함수

의 식으로 나타내면 $y=\dfrac{1}{8}x-\dfrac{5}{2}$

동생의 그래프는 두 점 $(0,\,0)$, $(80,\,5)$를 지나므로 일차함수

의 식으로 나타내면 $y=\dfrac{1}{16}x$

즉, $\dfrac{1}{8}x-\dfrac{5}{2}=\dfrac{1}{16}x$일 때 $x=40$

《바쁜 중2를 위한 빠른 중학 수학》을 효과적으로 보는 방법

〈바빠 중학 수학〉은 1학기 과정이 〈바빠 중학연산〉 두 권으로, 2학기 과정이 〈바빠 중학도형〉 한 권으로 구성되어 있습니다.

교 재	1학기용(연산 영역)		2학기용(도형 영역)
	바빠 중학연산 1권	바빠 중학연산 2권	바빠 중학도형
중2 과정	• 수와 식의 계산 • 부등식	• 연립방정식 • 함수	• 도형의 성질 • 도형의 닮음과 피타고라스 정리 • 확률

1. 취약한 영역만 보강하려면? — 3권 중 한 권만 선택하세요!

중2 과정 중에서도 수와 식의 계산이나 부등식이 어렵다면 중학연산 1권 〈수와 식의 계산, 부등식 영역〉을, 연립방정식이나 함수가 어렵다면 중학연산 2권 〈연립방정식, 함수 영역〉을, 도형이 어렵다면 중학도형 〈도형의 성질, 도형의 닮음과 피타고라스 정리, 확률〉을 선택하여 정리해 보세요. 중2뿐 아니라 중3이라도 자신이 취약한 영역을 집중적으로 공부하여 학습 결손을 빠르게 보충하세요.

2. 중2이지만 수학이 약하거나, 중2 수학을 준비하는 중1이라면?

중학 수학 진도에 맞게 중학연산 1권 → 중학연산 2권 → 중학도형 순서로 공부하세요. 기본 문제부터 풀 수 있어서, 중학 수학의 기초를 탄탄히 다질 수 있습니다.

3. 학원이나 공부방 선생님이라면?

1) 기초가 부족한 학생에게는 개념을 간단히 설명한 후 자습용 교재로 이용하세요.
2) 개념을 익힌 학생에게는 과제용 교재로 이용하세요.
3) 가벼운 선행 학습과 학습 결손을 보강하기 위한 방학용 초단기 교재로 적합합니다.

바빠 중학연산 1권은 22단계, 2권은 22단계, 중학도형은 27단계로 구성되어 있습니다.